U0037867

豆漿娘娘駕到

貓奴阿晧的跪安日常

阿晧(漿爸)——著

名家推薦

　　白貓萬歲！豆漿娘娘萬歲！生活總是有那麼一點不順心對吧？不過沒關係，打開豆漿頻道，吸取豆漿與阿榮的萌力，生活好像更有力量了點！推薦你資深貓奴必須擁有的《豆漿娘娘駕到》，一起偷看娘娘與漿爸的生活趣事吧！

　　　　　　　　　　　　——美妝 YouTuber ／ GINA HELLO!

　　大家終於有機會可以收藏美麗大方的豆漿娘娘了啊！再加上理工晧的養貓心得分享，很適合給許多因為迷戀上豆漿娘娘，而想開啟養貓之路的新手貓奴們當作參考！

　　　　　　　　　　　　——貓咪鮮食專家／好味小姐脆脆

　　整本書都在香！理工型男的真情告白×收服豆漿娘娘的傲嬌紀實，又浪漫又暖，香到可以配飯！讚讚！

　　　　　　　　　　　　——貓咪系 YouTuber ／走路痛

　　千呼萬喚始出來，豆漿的第一本書終於要出爐啦！身為同樣是貓咪頻道的創作者，這些年來看著一個個優秀的貓咪頻道相繼建立，也看到台灣社會目前普遍對貓咪的接受度、喜愛度日漸增長，真心覺得感動。

　　記得最初看到豆漿的影片，是丟接擦布的那集，阿晧用他難以被取代的理工宅男不愛穿褲子的風格，搭配上豆漿迷人可愛的個性，營造出一種又可愛又宅的特殊氛圍，像黑洞一樣讓人一點開影片就無法自拔停不下來，努力想要找到日告晧穿上褲子的證據……啊不是！是豆漿、俊榮可愛的身影。

經過了數十個年頭後（自從阿晧私下跟我們說過出書的計畫後，每天都是度日如年），忠實的漿絲有福囉！內容我們已經先幫大家看過了，整本書可說是完全呈現了阿晧的 87 口吻（稱讚意味），就連豆漿、俊榮的美照、醜照也是羅列雲集（也是稱讚意味）沒有在客氣的，期待透過這樣的圖文，能讓更多人愛上貓咪，但是笑點低的大家，切記要小心服用啊～

——黃阿瑪的後宮生活／志銘與狸貓

總覺得豆漿就像我們身邊都有的某位朋友的女友，長得很正、個性很恰，只要稍微被男友（也就是奴才阿晧）忽略就會罵人的辣女友，後來又有俊榮小弟的加入，豆漿每天忙著管男友、管小弟的生活真的很可愛很有趣！

——貓咪圖文作家／拉查花

注意！本書笑果十足哈哈哈，貓奴必讀！帶你一窺理工宅的邏輯養貓！究竟理工宅的腦袋到底裝些什麼？真的不是常人可以想像，一起來看網美貓與理工宅遇到的各種神奇難題唄。

—— YouTuber ／拉姆有幾噗 安 & 肉一

透過這本書，就像完整參與了阿晧與娘娘從相遇到相處的點點滴滴，如此有趣感人讓我不時姨母笑，想著緣分就是這麼奇妙，謝謝毛孩就這麼走進生命裡成為一輩子的家人。

——療癒系歌手／郭靜

郭靜親筆繪製

★ 作者序

Hi 大家好，我是阿晧，日告晧！

跟大家講個好消息，在拖稿拖了超過兩年的今天，我終於寫完豆漿的第一本書啦！

這本書出版的目的，是想要用第一人稱的視角，記錄我跟豆漿如何相遇，和一路走來的點點滴滴。其中最想跟大家分享的當然是小豆漿時期許多不為人知的萌照和故事，填補這一段沒有在影片裡被記錄的過往。

為了完成這本書，我花了 87 分的努力（也就是全力）整理、蒐集不同年代的照片和影片，讓大家在閱讀時能有身歷其境的體驗。此外，為了完整地說故事給大家聽，我甚至虐待繪師，將缺漏照片的經典片段用插畫來補足！這份誠意的重量想必有比豆漿還重了吧？

這本書除了適合豆漿的粉絲外，也適合現役貓奴＆還在猶豫是否養貓的各位！書中用本人近十年貓奴經驗兼理工宅的觀點，帶大家理性分析一下我的養貓法。這套方法運用在豆漿、俊榮，甚至是兩貓磨合的身上，都有不錯的成效。歡迎大家一起切磋討論，也許能少走一些冤枉路，當然也不排除會走得更冤枉（誤）。

最後，這本書獻給陪伴著我們的粉絲們。

雖然我們的頻道不太正經，但因為有你們的支持，就是我們持續記錄分享很大的動力。為了表達我的感謝，我在書中不免俗地放了許多我珍藏的娘娘醜照，希望各位漿絲漿黑都能有個愉快的一天！

Contents

chapter 1
崩潰的奴才生活

chapter 2
阿皓的養貓心法 🏔🏔

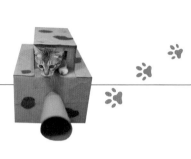

chapter 1

崩潰的奴才生活

5 min · 🐾

2012/02/28

👍 Like　　　💬 Comment　　　➡ Share

01

與豆漿相遇

2012 年，那一年我大二，住在清華大學的男生宿舍裡。

就跟一般的大學生一樣，早上會因為起不來而蹺課，下午的課又自主放假，相當地廢。而我們系上的許多同學都與我住在同一層樓，說好聽一點是互相有個照應，實際上是每天看到隔壁的廢宅們一起蹺課，心裡也就安心了許多。畢竟快樂一起分享會加倍，罪惡感共同承擔則會減少，這邏輯沒毛病！

日子過得廢歸廢，新竹的物價畢竟不便宜，為了能繼續安穩地住在宿舍裡，晚上我還是有兼職當家教，教一些數理科目，讓我能夠在誤人子弟之餘，加減賺一點生活費。而平淡如水的生活就這樣日復一日地過著。

四月的某天晚上，在我準備要去學生家上課的前十分鐘，一位住在校外的同學突然打電話給我。電話中，他提到自己最近認識了一位很有愛心的阿嬤，這位阿嬤平時在一間車庫改造的鐵皮屋裡餵養著許多流浪狗。而阿嬤昨天在車庫旁看到三隻年紀約兩個月大的小貓咪，卻不見貓媽媽的身影。阿嬤暫時先用鐵籠安置了這三隻小貓，但還是很擔心車庫裡的狗狗們會在她不注意的時候失控攻擊貓咪，因此請我同學協助她幫忙找願

意認養貓咪的主人。

　　我同學自告奮勇地先領養了其中一隻花貓，不過仍然有兩隻小貓等待領養，所以他只好四處打電話詢問認識的人是否有領養的意願。由於家教的時間快到了，我請同學把鐵皮屋的地址用簡訊傳給我（我當時還不是智慧型手機），等我下課後再騎過去瞧一瞧。掛完電話後，我就出門去教課了。

雨天的邂逅

　　晚上九點半，剛上完課的我，站在騎樓看著外頭下著超大的雨，心想今天就不去看貓了。畢竟雨勢這麼大，還要大老遠

突然下大雨了，決定不冒著風雨去看小貓了⋯⋯

跑去，實在太麻煩了。我一邊穿著雨衣，一邊想著等下要吃什麼宵夜，隨手看了一下手機裡幾個小時前同學傳來的簡訊，裡面寫著鐵皮屋的地址……

等等！鐵皮屋的地點竟然就在學生家對面的巷子裡？也太扯了，真的是比扯鈴還要扯！

我在腦海中快速思考了一下，既然距離這麼近的話，騎摩托車過去看一下似乎還可以接受。我索性把機車龍頭轉向，往巷子裡騎去，騎不到 30 秒，就看到傳聞中的流浪狗車庫了。從外頭往裡邊看，至少有十幾隻狗狗在裡面躲雨，阿嬤也準備好整鍋的食物給他們當宵夜。我走到車庫門口向阿嬤表明了來意，

阿嬤收養流浪狗的車庫

詢問她是否能看看待領養的小貓。

結果，我的雨衣和安全帽都還沒脫下，阿嬤就迫不及待地把我拉進車庫裡。

「原本有三隻的，今天已經被帶走了一隻，希望有人趕快帶走另外兩隻，我好擔心他們會被攻擊……」阿嬤指著旁邊桌上的籠子說道。籠子裡有兩隻小白貓，在裡面蹦蹦跳跳，一副無憂無慮的樣子。

「嗨！」我把布滿水珠的食指伸進籠子裡。

其中一隻小白貓帶著警戒心，緩慢地往後退，退到了籠子底端。

另一隻小白貓對我喵了一聲，接著就傻呼呼地向我靠了過

我把手指頭伸進籠子，其中一隻小白貓不停地舔著我手上的雨水

來，開心地舔了舔我手指上的水珠。

　　舔了一陣子，白色小貓將我手指頭上的水珠都舔光了，接著開始不斷磨蹭我的手指頭。

　　「要不要跟我回去？」我對著小白貓問。

　　小白貓沒有講話，還是不斷用頭來回磨蹭我的手指，彷彿是在回答我的問題。

　　印象很深刻的是，當時我在籠子前面猶豫了好久好久，一直問自己：我能不能照顧這個小生命一輩子？這可是一個長達十幾年的承諾啊！

　　思考了良久後……

　　「好，我明天來帶妳回家。」我對著小白貓說。

　　那是我跟豆漿第一次見面。

　　從那天之後，我的身邊多了一位家人。

💬 只有兩個月大的小豆漿

理工宅的邏輯

　　我相信緣分，對我來說，緣分其實就是許多微小機率交集，形成的小機率事件。

　　如果當天車庫地點離我很遠，雨勢又那麼大，我應該就不會去看小貓了。

　　如果當天沒有下雨，說不定豆漿不會靠過來喝水，我也不會帶走她。

　　或者，如果當時我脫下安全帽，搞不好豆漿會覺得「這個人好噁，我先躲遠一點」，就不跟我回家了（？）……

　　我會遇到豆漿，真的是難能可貴的緣分！

02

看醫生與取名

因為我住的男生宿舍是雙人房，所以當天晚上我回到宿舍後，先跟宅男室友告知明天我會帶一隻小貓回來。

如我所料，室友完全沒有意見。其實也不用太擔心他會反對，畢竟對宅男來說，只要不影響到電腦跟網路的事情，都叫做小事。

隔天傍晚下了課，我火速衝去寵物店將所有貓咪必備的物品都買齊後，就帶著外出籠去接小白貓。抵達車庫後，阿嬤看到我相當開心，因為她一直很擔心我會不會隔天就放鳥不來了。我想阿嬤多慮了，跟這件事相比起來，我蹺課的機率高得多了。

在帶走貓咪之前，我也答應阿嬤會想辦法問問其他同學，希望能幫助最後一隻小貓也能找到認養他的主人。

當晚帶走小白貓後，我約了那位領養花貓的同學，一起把小貓帶去動物醫院做了基本的健康檢查以及驅蟲。在等待檢查的過程中，我才知道他已經幫小花貓取好名字，叫做「秒咪」。不愧是理工人，這名字聽起來絕對是有經過深思熟慮，不像是隨便幾秒鐘就想出來的。

醫生檢查完畢，確認兩隻小貓身體都很健康，雖然花紋不

🗨 豆漿跟秒咪
　一起看醫生

一樣，但他們應該是同一胎出生的小貓沒有錯。因為秒咪是先被認養的男生，所以稱他為哥哥；小白貓是女生，則為妹妹。醫生評估他們的年紀大概兩個月大，由於我們相遇的那天是四月二十八日，往回推兩個月是二月二十八日，因此就當作是兩兄妹的生日。

　　檢查結束前，醫生還稱讚這隻小白貓有一雙漂亮的藍眼，以後肯定是位大美女。現在回想起這段往事讓我不寒而慄，我嚴重懷疑醫生有預知未來的能力，真的很準！

　　只是我指的是「大」這個部分。

替小白貓取名

　　從動物醫院離開後，我偷偷摸摸地將小白貓帶回自己的房間裡。學校宿舍一般都禁止養小動物，我們學校當然也不例外，但我存著僥倖的心態，想說我住的這層樓都是認識的同學，而且再過不到兩個月就要放暑假搬離學校宿舍，如果不大聲張揚的話，應該可以低調地撐過這兩個月。

　　小貓咪出籠後乖乖吃完泡軟的乾乾，就自己進去貓砂盆大便了，無師自通，看來是一個聰明的妹子。令我印象深刻的是，當時我坐在椅子上用電腦，讓小貓在房間裡自由地走來走去，熟悉一下四周的環境。不久後，小貓巡邏完，走到我身邊繞著椅子對著我叫，但我其實看不太懂她要幹嘛，所以沒有任何的動作。小白貓看我仍然不為所動，就抱著我坐的椅腳一直叫，還做了幾個小跳躍的動作。

　　我看懂了，原來她是要我協助她爬到我的腿上。

💬 偷渡豆漿到宿舍

我把小白貓抱到腿上，她立刻做好趴睡的姿勢，眼睛順勢閉了起來，很快就睡著了。

　　原來貓咪那麼可愛又親人，第一天晚上就跳到我的大腿上睡覺，顛覆了我原本對貓咪的看法。貓咪這種生物也太可愛了吧！？

　　趁著小白貓睡覺的時候，我決定幫她取個名字，否則我一直小貓小貓地叫她，也不是辦法。既然是白色的貓咪，何不想幾個白色的東西當作命名選項？結果左想右想，只想到：

1. 牛奶
2. 豆漿

沒了。

　　突然理解到，為什麼我只能來讀理工科了，因為我的腦海中能想到的詞彙少得可憐，真是令人鼻酸。接著我又用這兩個選項繼續思索了一番，就我所知，好像有滿多貓咪或狗狗都叫做牛奶，畢竟牛奶聽起來算是走一個西式高貴典雅的風格，如果叫這個名字似乎不錯。

　　接著我看了一下放在桌上那袋喝到一半，清大人一定都買過的來來豆漿。嗯？好像還沒聽過有貓咪叫做豆漿的，俗擱有力，總不可能跟其他人撞名吧，那就叫豆漿吧！這時的小貓咪躺在我的腿上睡得很熟，渾然不知這個名字，會在多年後讓她成為網路上人人傳頌的「豆漿娘娘」。

　　這個取名的過程，相比豆漿她哥秒咪算是嚴謹許多，大概

💬 小豆漿超萌睡相

花了三分鐘吧！當貓也是很吃運氣的，也許被理工宅領養到的貓咪，上輩子都沒有扶貓奶奶過馬路吧！

　　順帶一提，最後一隻還沒找到家的小貓，不久後被我另一位住在校外的同學帶走，請家人照顧了。

　　下場也不太好，聽說名字叫做「阿姆斯特朗旋風阿姆斯特朗炮」。

💬 豆漿來的第一天，就開始我的漿黑之旅

看了這些取名慘案……
突然覺得本宮的豆漿還滿好聽的

理工宅的小知識

　　藍眼白貓因為基因的關係，有超過百分之七十的機率聽不到，比例算是相當高。因為負責眼睛顏色及決定貓咪毛色的基因屬於同一基因組，它和黑色細胞減少有關，會影響到聽力發育。

　　豆漿算是比較幸運的藍眼白貓，因為她剛好就是那百分之三十，聽力相當地好！

　　偷偷說一下另一個幸運的點，其實豆漿小時候甚至不是全白的貓，她的頭上有一塊黑毛（非髒汙），當時我並不以為意。不過長大後這塊黑毛突然就消失了，她也搖身一變成為全白的貓咪，相當地奇妙。這難道就是所謂的天生麗質？

💬小豆漿頭上
明顯的黑毛

03

走進宅男的日常

　　此後，小豆漿開始了寄居在男生宿舍的生活。大家都知道，男生宿舍就是一群臭宅男打著赤膊、穿著內褲的聚集地。當時的宿舍空間不大、玩具也不多，我都是用手邊僅存的一些小物當作豆漿的玩具，例如吸管的套子、耳機等等。雖然這些東西在一般人眼裡根本就不是玩具，但是豆漿卻可以玩上好一陣子。很快地，我發現吸管的套子汰換率很高，一下就會被她咬爛，耐久度不高。我的耳機甚至被她咬斷，重買了好幾條。雖然我都是買九十九元的廉價耳機，但多咬斷幾條還是會心痛的！

💬 室友也擋不住　　　　　　💬 豆漿跑去室友
　　這個萌妹子　　　　　　　　桌上干擾念書

　　某天，因為我手邊沒有小玩具，所以就隨手丟出桌上的擦布（橡皮擦）給豆漿，沒想到她竟然興奮地追上前去，還因此玩得不亦樂乎！之後我就常常在房間跟豆漿玩擦布遊戲，畢竟一塊擦布可以切成很多顆小擦布，還可以重複玩，耐久度又高，經濟實惠！直到現在，擦布仍然是豆漿最愛玩的玩具，我想這跟她小時候的記憶多少也有關係吧！

　　而豆漿的出現替原本平淡無味的宿舍生活增添了不少的樂趣。身為男生宿舍中唯一的妹子，她的人氣可是相當夯的，不時有穿著內褲的宅男來陪豆漿玩耍，甚至有人自己手工做了一個挖過洞的紙箱進貢給豆漿。至於豆漿的個性，基本上是來者不拒，也就是不管你是臭肥宅還是死瘦宅，豆漿都不會討厭你，畢竟在她眼裡，我們都只是陪玩的工具人。

　手工製造的逗貓箱　　　　　　　　　　　　　雖然使用方法有點特別

有喜就有悲，雖然豆漿很可愛也帶來很多樂趣，但她讓我覺得最麻煩的有兩個時間點。

　　第一個是晚上睡覺的時候。

　　我們的宿舍格局是下方為書桌、上方為床舖，那時候豆漿的體型還是可以放在手掌上的迷你版大小，我不太敢把她一起帶到床上睡覺，生怕第二天醒來時旁邊會出現被我壓死的貓屍，所以睡覺時間都讓她自己在地板上找個喜歡的地方睡覺。

　　不過半夜正是豆漿精力旺盛的時段，這時她就會玩起最愛的假想敵遊戲。此時如果從樓上望下去，可能會覺得這隻貓咪有病，因為她會一直在追逐某個自己腦海中所幻想出來的敵人，在底下各種跑動，一下被追趕快速躲起來，一下又從陰影處衝出來像是在追趕別人。

　　每天晚上，耳邊不時傳來跑來跑去、踢倒東西或是撞到門的聲音。我跟室友都必須在這些窸窸窣窣的吵鬧聲中入眠。

後面也有敵人！？

半夜兩人在睡覺，
豆漿獨自在下面開趴

🗨 很喜歡利用塑膠袋發出噪音　　　🗨 塑膠袋鬼

　　第二個讓我覺得麻煩的，是早晨的時候。

　　說來奇怪，每天晚上豆漿在我睡著後都還體力充沛地在樓下亂跑，但是早上又會在我睡醒前就開始騷動，我常常懷疑這隻貓咪是不是都不用睡覺？

　　而她提醒我起床的方式當然就是：鬼叫。

　　喵 RR ～～～～喵 RRRRR ～～～～喵 RRRRRRRRR ～～～～

　　早上聽到聲音後，我會立刻從床上彈跳起來，衝下去安撫豆漿，畢竟這種叫法如果不制止的話，等一下就會有教官來敲門了。為了低調過完這最後一個多月的時間，每天早上我都是痛苦萬分地從睡夢中醒來爬下樓，拯救我的宿舍生活，以及豆漿的胃。

　　平靜無波的生活就這樣過了一陣子，直到期中考前一週，去交大圖書館念書的那天⋯⋯

　　這邊科普一下，清大跟交大校區在內部其實是相連的。

　　兩校之間有一條連接的小路，是清大跟交大之間的行人、腳踏車通道，也是兩校之間最快速的連接道路。這條小路的名字很酷，從清大這邊看過去，叫做「清交小徑」，而從交大那邊看過來則是「交清小徑」，誰都不甘心自己學校的名字被放在後面。

　　雖然在其他人眼裡看來是很無聊的小事，但這就是理工學校的浪漫，一條小徑，各自表述。

💬 交大往清大——交清小徑　　💬 清大往交大——清交小徑

實際看豆漿玩假想敵遊戲

04

豆漿被檢舉了

雖然我們這些宅男們平時經常蹺課，龜在房間一起打 Game，不過秉持著「今年不努力，明年當學弟」的最低限度努力原則，期中考前的一週，大家還是會很有自知之明地想辦法把缺漏的課程給補上。

那天下午我在宿舍放滿了豆漿的食物，確定這個份量讓她整天吃到吐都吃不完後，就帶著厚重的原文書去交大浩然圖書館 K 書了。至於為什麼是在交大念書呢？因為交大圖書館旁邊的鬆餅好吃！（其實是因為宿舍剛好在清交交界處，從宿舍走到交大圖書館比清大圖書館還近）。

念書念到了晚上八點，我決定今天偷懶一下，提早回宿舍，畢竟今天念的份量應該可以讓我明年不會當學弟了。在走回宿舍的路上，我遇到了一位住在樓上的朋友，他說：「你家豆漿今天傍晚開始就一直叫，應該叫到整棟樓都聽到了吧？」他邊走邊說：「叫了差不多一個小時左右。」我聽完後心裡有點隱隱不安的感覺，暗自希望這棟樓當時都沒有人在。

到了房間門口，往走廊看去，其他房間都是暗的，看來所有同學們都還在圖書館繼續奮鬥，只有我偷懶地先逃了回來。

豆漿聽到人聲都會
開心地跑出來

打開了房門，豆漿開心地朝我走來，不斷地在我身上磨蹭撒嬌，我看了一下食物碗，還有很多沒吃完。那麼豆漿會叫的原因就很清楚了：因為身邊太久沒有人類出現，所以她才會緊張地想大聲呼喊，想把人喚來身旁。

　　此時我心裡一直有種不好的預感，畢竟豆漿叫了一個小時，相信即使連慈眉善目的好人都會被吵到齜牙咧嘴吧！就在我心裡暗自祈禱，希望今天整棟樓的人都剛好去圖書館K書的時候，房間門把突然轉動，房門被推開……

　　原來是我的室友回來了，差點嚇到漏尿！

　　平生不做虧心事，半夜不怕鬼敲門，偷養一隻鬼怪在房間，難怪現在還不到半夜就被嚇個半死！看到是室友進門，我如釋重負地鬆了一口氣。不愧是我的廢宅室友，我念書到八點偷個懶，他可能只撐到八點五分吧，這應該就是所謂的「天下烏鴉一般黑」？

　　接下來，我在房間戰戰兢兢地待了一段時間後，始終沒有見到教官的身影出現。看了一下時鐘是晚上九點半，時間已經很晚了，教官應該下班了吧。如果教官今天沒有來，代表豆漿很幸運地沒有被人檢舉！我心裡暗自高興，既然今天逃過了一劫，明天一定要好好待在宿舍念書陪伴豆漿，避免重蹈覆轍。

　　這個時候……

　　叩！叩！叩！「有人在裡面嗎？我是教官！」一個低沉的男聲在房門外響起。

「今天下午有同學通報你們在房間內飼養貓咪……」教官站在門外說：「我是來協助確認的！」

　　我快速地思考了一下，如果現在把豆漿藏在衣櫥裡，她有沒有辦法乖乖待在裡面不被發現呢？當我還在盤算的時候，門把轉動，房門緩緩被推開，站在門後面的是穿著制服的教官。

　　不曉得是不是因為做了虧心事的緣故，站在門前的教官看起來相當地魁梧巨大，令人望而生畏。

　　一股緊張的氣氛瀰漫著整個房間，我跟室友面面相覷，誰都不敢開口。

魁梧的教官
嚴肅地站在房門口

這個時候……

平時被限制不能出房門的豆漿，看到房門大開，興奮地往教官站立的方向衝過去。

第一次看到犯人這麼囂張的，不愧是豆漿，直接就正面對決了！而教官看到豆漿跑過來時嚇了一跳，急忙用腳左右擺動地擋住她，並且進房將門給關上。

「咳咳咳，同學，根據宿舍的規範，」教官關上門後說：「宿舍是沒辦法養……」教官話說到一半，這時豆漿竟然抓著教官的鞋帶，在地板上左翻右滾地把玩起來！

全場安靜到只聽見豆漿在地上打滾的聲音。

……這隻貓到底在幹嘛？害我忍不住笑了出來，因為這畫面實在是太智障了。

小豆漿瘋狂玩著
教官的鞋帶

教官看了看豆漿，把腳抬起來，左右扭動，想避免另一隻鞋帶被拆掉。殊不知甩動的鞋帶讓豆漿更 High，她跳起來，以大字型撲向教官的靴子，緊咬著他的鞋帶不放。

　　「……」教官一臉傻眼地看著過動的豆漿後停頓了幾秒，無奈地把腳放下，讓她自顧自地對著鞋帶進行大改造。

　　「唉呀，怎麼可以在宿舍房間偷養貓呢？」教官用輕鬆的語氣說：「而且還這麼調皮啊，這樣不會睡不著嗎？」

　　教官好奇地詢問了豆漿的來歷，我也一五一十地向他娓娓道來車庫領養貓咪的經過。在跟教官對話的過程中，豆漿還是一直趴在教官腿上瘋狂撕咬著鞋帶，那個滑稽的畫面甚至到現在還停留在我的腦海裡揮之不去！

　　教官雖然對於我領養小貓的行為予以肯定，但還是必須依照宿舍的規範處理。當時的規定是：若有學生被發現在宿舍飼養小動物會先予以口頭警告，要是第二次查證時還是未能改善，則必須以宿舍規範退宿處理。

　　最後我們達成的協議是教官提供我一週的寬限期，我要在這段期間內將豆漿安置在宿舍以外的地方。若是下週教官再來檢查而貓咪還在的話，就得強制退宿了。

　　由於大多數的同學都是住在學校宿舍，我只好回頭請住在校外的秒咪奴才幫忙，讓豆漿先暫時寄放在他家幾天。

💬 豆漿借住哥哥家一週，很愛打鬧

💬 豆漿去哥哥家很愛看電視

💬 兄妹睡覺鬥聯照

💬 哥哥也愛看電視

🗨 兄妹倆排隊喝水

　　豆漿去跟秒咪一起住的這一週，我每天都會請同學傳照片更新一下豆漿的現況，也因此幸運地存下了一些豆漿小時候可愛的照片。果不其然的，我好奇詢問了豆漿半夜的狀況，答案跟我的宿舍體驗一模一樣！各種開趴和玩假想敵遊戲，只是這一次是兩隻貓一起玩，讓我覺得很不好意思，畢竟我丟了一個鬼怪去別人那邊騷擾。

　　過了一週，教官卻沒有再來查房。我決定還是先將豆漿帶回宿舍，如果不幸被教官抓到的話，就提早搬出去日租套房住個幾天吧！幸運的是，直到暑假搬離宿舍前，教官都沒有再出現，豆漿也寫下了成為清大插班生兩個月的「貓生」紀錄。

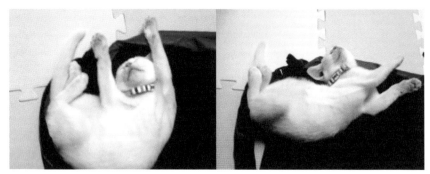
🗨 清大插班生奇葩睡姿 1　　　　　　🗨 清大插班生奇葩睡姿 2

理工宅的邏輯

　　根據清大宿舍規定，如果一個人在宿舍偷養貓咪，被檢查到兩次的話就會被退宿。所以，我跟室友想出了一個很～～屌的解決方案：如果教官第二次檢查發現豆漿還住在宿舍的話，我就跟教官說豆漿已經不是我的貓了，而是我室友的貓。

　　這樣一來，就變成我跟室友一人被警告一次，而且沒有人會被要求退宿，是不是很完美呢？（大誤）

87 邏輯！

05

破壞力十足的鬼怪兄妹

　　大二暑假後，我跟另外四個宅男同學一起搬到外面住。因為我們之中沒有人喜歡煮飯，所以最後找了一間沒有客廳跟廚房，但是每個房間都很寬敞的公寓。

　　最開心的莫過於豆漿了，因為其中一個室友就是秒咪的奴才。豆漿跟秒咪兩兄妹又再度重逢，他們相會的第一天完全不需要適應，簡單聞一聞彼此就直接膩在一起玩耍，場面相當和樂融融。

　　這是我第一次體驗單貓以上的生活，之後我也領悟了一個貓界真理：兩隻貓的破壞力，絕對不是一隻貓的兩倍，而是十倍！當初

💬 大三、大四所住的房間

只有豆漿住在學校宿舍的時候，雖然她很調皮好動，但放她一個人在房間（不要太久，否則會鬼叫）時，物理破壞力其實沒有很高，大不了就是地上會出現被咬爛的紙箱、碎屑跟撥得滿地的貓砂，都不是什麼大災難。

但是兩隻貓的情況就不一樣了，每次出門上個課回來，桌上的東西被掃到一地是稀鬆平常的事情，有時候則是電腦螢幕躺在地板上。看到這慘劇，我的腦海裡就開始浮現這對鬼怪兄妹在房間互相追逐的死樣子。

還有一次我打開房門，看到本來好端端的電風扇，不知道怎麼得罪了兩位大大，就這樣孤伶伶地倒在地板上，罩子跟零件噴得滿地都是，死狀相當地淒慘。但明眼人應該都知道，肯定是電風扇先挑釁的，躺在地上算它罪有應得，兩兄妹只是執行懲處的動作而已，沒事沒事。

💬 兄妹感情很好

💬 兄妹倆常常一起睡在我房間

💬 有時候一起睡在室友房間

理工宅的碎唸講古

　　這個房間就是大家在網路上看到的豆漿影片最初的場景。

　　這一年，我靠著家教累積的薪水總算淘汰用了五年的舊型智障手機，升級成智慧型手機。因為畫質有了顯著的提升，所以這一年開始才有大量的豆漿照片以及影片，也成為幾年後創辦粉絲團的一些素材。

　　至於豆漿住在清大宿舍的期間，雖然我也有替豆漿拍一些小短片，但因為拍出來的影片畫質都很差也很模糊，所以數量就相對少很多，不過也盡量放在這本書中讓大家一窺豆漿小時候的模樣。

豆漿在清大時的隱藏影片
（看得出當時豆漿的頭上有一塊黑色）

💬 幫兩兄妹慶生！（只是拍照片，沒有給他們吃）

06
兄妹搞失蹤

　　秒咪跟豆漿雖然是同一胎出生的兄妹，但是兩兄妹的個性卻天差地遠。豆漿的個性比較謹慎，對所有陌生事物都非常小心。雖然謹慎是好事，不過豆漿謹慎的動作常會讓她看起來有點鬼鬼祟祟的感覺，因此常被我取笑為「鬼祟漿」。

　　秒咪則剛好相反，天不怕地不怕！各種奇怪的地方都是秒咪探索的範圍。像是我房間衣櫥上的小空間，也是秒咪奮勇跳上去發現的新地點。豆漿在秒咪的帶領下越來越皮，某次竟也跟在秒咪屁股後一起跳到了我的衣櫥上，令人頭痛。

🗨 兩兄妹跳到衣櫥上　　　　　　🗨 豆漿跳上去就不太敢下來

某天兩兄妹都不在我房間，我理所當然地認為他們兄妹倆應該是在室友的房間休息。到了放飯時間，我就去室友房間敲門，準備叫豆漿回來吃飯，沒想到門打開後，室友竟然跟我說：「幫我叫秒咪回來吃飯！」

　　？？？

　　等等，所以兩兄妹也不在室友房間裡？

　　我們開始著急了，翻遍了床底、衣櫥，到其他室友房間一一搜尋，都沒有發現這兩隻貓的蹤影。

　　突然，室友指著他房間的窗外大喊：「在那裡！」

兄妹倆抓破紗窗，
跑到窗外的遮雨棚
納涼

　　我順著室友指的方向定睛一看，兩兄妹居然在窗戶外邊的遮雨棚上納涼！

　　原來這兩兄妹不知道什麼時候把紗窗給挖了一個小洞，就這樣溜了出去。當時我們住的是不算太高的二樓公寓，但下方正對著馬路，若是掉下去的話，後果還是不堪設想。

　　雖然我跟室友心裡也很想趕快把兩兄妹抓回來，但家裡有養貓咪的人都知道，貓咪是很容易受到驚嚇的動物，此時如果動作太大或不小心發出聲音嚇到他們，反而更容易失足掉下去。

　　簡單衡量了一下目前的情形，從窗戶洞口到兩兄妹所在的遮雨棚，只有一隻貓能夠容身的寬度，若是用食物來引誘他們，以兩兄妹平常喜歡爭先恐後搶飯吃的習性來看，是有可能因為互相推擠而墜下樓去。我和室友討論後，只好利用豆漿的高智商一試了。

　　我緩慢地挨到了窗邊，輕輕叫喚了一聲豆漿的名字。

　　還好豆漿是隻會認名字的聰明貓咪，她聽到我的聲音後回頭看了我一眼。我伸出手掌作勢叫她過來摸摸，豆漿猶豫了一會兒之後，緩緩起身伸了個懶腰，沿著遮雨棚慢慢走回房間內向我討摸摸。

呼～總算有驚無險地叫回了豆漿！

　　秒咪看著豆漿的反應，絲毫沒有想動作的意思，繼續待在原地納涼。

　　這時，我們就放心地拿出點心當誘餌，果不其然，秒咪看到食物後，沿著遮雨棚飛也似地跑回了屋內。我跟室友這才終於放下心中的大石頭，結束了這場驚魂記，也從此更謹慎地注意安全防護。

🗨 回來之後像什麼事都沒發生一樣地爽睡

理工宅的碎唸講古

　　貓咪的體能非常好，很多看起來不可能到達，「應該」很安全的地方，對貓咪來說其實可能都暗藏危機。

　　記得當時剛搬進租屋處時，注意到廁所內有一扇非常高的對外小窗。第一眼看到心想貓咪不太可能跳這麼高，應該可以打開窗戶保持廁所通風，不過想了一下還是安全起見，我就把窗戶緊閉鎖起來了。沒想到過了幾天就看到秒咪跳到那扇小窗的窗框上企圖打開窗戶，真的是好險！

　　若是家裡有貓咪的朋友真的要小心，因為鬼怪的貓咪真的有無限可能啊！

 第一次親眼目睹貓咪如何跳上超高的衣櫥，所有人都驚呆了！

07

豆漿出門初體驗

　　豆漿「鬼祟漿」的稱號名不虛傳，每次當我回到家打開大門時，豆漿總是會把她的頭往外伸，鬼鬼祟祟地偷看著外面，一副暗示我「老娘好想看看外面風景」的樣子。後來想了一下，我平常都把豆漿放在家裡，她也算是被迫耍宅，說不定豆漿其實是熱愛大自然的狂野貓咪，只是運氣不好，被噁心的宅男給封印了。抱持著理工人的實驗精神，我當晚就去買了胸背帶，準備帶豆漿出門見見世面。

　　時間快轉到了週末，恰巧新竹玻璃工藝藝術館附近櫻花盛開，我決定把豆漿首次出門踏青的經驗就獻給賞櫻行程了！吃完午餐後，我幫豆漿繫好胸背帶，接著拿出外出籠準備把她裝進去，結果機靈的豆漿跟往常一樣，一看到我提起外出籠就迅速躲到床下，深怕又被抓去動物醫院似的。

　　這下子沒辦法了，我只好先待在床上滑手機，無可奈何地等待豆漿自己出來。直到半小時後，豆漿評估應該沒事了，才小心翼翼地從床底下爬了出來，甚至不怕死地走到了外出籠前，把頭探進去對著籠裡左聞右聞。我見機不可失，馬上到豆漿後面推了豆漿屁股一把，她被推進籠子後一臉狐疑地轉身，想知

道究竟發生了什麼事。

「喀嚓」，我立馬將外出籠門鎖上，結束了這場辛苦的纏鬥。雖然比預期的時間晚了一點，但終於可以帶著豆漿出發去賞櫻囉！

我們到了玻工館之後，找了一張長椅坐下。周圍的花花草草給人一種很舒服的感覺，而且因為是平日的關係，遊客不多，對貓咪來說也是比較舒服自在的空間。坐了幾分鐘之後，這時在籠子裡的豆漿開始好奇地探頭探腦向外張望，我感覺她對附近的環境已經沒有那麼陌生了，於是打開籠門，讓她出來走走。結果豆漿走出籠子後，就將身子縮成一團，一動也不動地待在椅子上。

♥ 豆漿到籠子外後就不太敢移動

經過我研判，如果豆漿是人類的話，肯定是那種會在群組裡說：「走咩，去就去啊，怕你不敢約啦！」，然後等到真的約她的時候，又會說有事不去的那種嘴砲朋友。

　　半個小時過去了，豆漿仍然維持一個客家菜包的姿態（豆漿背部的毛豎起來很像客家菜包），在我的腿上一動也不願意動。看來豆漿第一次也是最後一次的野外出遊，就這樣以失敗告終啦！豆漿還是乖乖待在家裡賣萌好了。

　　大家以後可別再說豆漿都是被宅男害到變成宅女的，有沒有可能在另一個平行世界，有一位陽光型男因為被一隻宅貓禁錮在家裡而變成宅男……

💬 客家菜包與豆漿，相似度高達 87%

還是在家當宅女爽多了

理工宅的奇怪猜測

　　豆漿所謂的不喜歡出門，是指她很討厭被強迫進入籠子裡，再帶出門的情況。因為豆漿的智商相當高，每一次我抓豆漿進籠子出門，通常都是去看醫生居多，所以她對籠子有不好的印象。

　　實際上豆漿可是會每天走到大門口旁邊一直鬼叫，想要我把門打開讓她能夠到走廊巡視兼蹓躂的。說不定讓豆漿自己走樓梯下去附近的小公園，豆漿可能會逛得很開心（？）。

08
絕育手術

　　某天半夜夜深人靜的時候，平常都會乖乖睡在我旁邊的豆漿，不知道為什麼沒有出現在身旁，反而站在衣櫥的前面，對著衣櫥瘋狂地叫喊。我當下第一個反應是：衣櫥那邊一定有什麼東西！？

　　於是我只好從床上爬起來，打開燈看了一下，結果……

　　沒有東西。

　　原本以為是有什麼會動的東西導致豆漿一直在鬼叫，畢竟是半夜，叫那麼大聲可是會把室友們都吵醒的，於是我訓斥了豆漿一頓，把她抱回床上後就繼續閉上眼睛睡覺了。

　　當我躺下來不到一分鐘，豆漿又跑到衣櫥前面，繼續對著衣櫥狂叫，而且越叫越大聲，讓我不得不再度爬起來查看一下狀況，結果……

　　還是沒有東西！！！

　　難不成豆漿是看到了……阿飄？

　　身為一個理工宅，我當然還是先懷疑物理上的可疑點，像是豆漿有可能是身體受了傷、或是肚子有硬塊便秘等等。於是我仔細地檢查了豆漿的身體一輪，還是沒看到有任何異常的地

方，真的是太奇怪了。

　　這時我靈光一閃，豆漿目前六個月大，已到了可以絕育的年紀，雖然我本來就有幫她絕育的打算，只是沒想到漿姊的春天來得那麼準時。不過現在是半夜，還是要先度過這個令人崩潰的夜晚才行，否則我擔心豆漿再叫得久一點，室友真的會衝進房間，把我吊起來打一頓。

　　我只好把豆漿關在籠子裡，並移到離房門最遠的角落，再用浴巾把籠子蓋起來，減少一點聲音。可能因為蓋上了毛巾，豆漿的狀況也穩定許多，很快就乖乖睡著了。隔天一大早，我把豆漿裝進外出籠後，就趕緊帶著她去動物醫院做絕育手術。

絕育竟然要禁食禁水！？
那我不絕育了

💬 準備帶豆漿去絕育

　　昨晚決定要手術後，就已經開始讓豆漿禁食禁水了，如果不趕快早起出門動完手術讓她吃飯的話，可是會被大食怪碎碎唸的。好在當天醫院沒有什麼人，掛完號、做完血液檢查沒問題後，豆漿就直接進行手術了。而我則回家等待醫院通知。

　　幾個小時後，我接到醫院的電話：「絕育手術非常順利，豆漿已經可以回家囉！」於是我趕緊提著籠子，飛也似地出門把豆漿接回家享用大餐。

　　沒想到豆漿一到家後，就開始在籠子裡不斷發出生氣的低吼聲，並且用凶神惡煞的表情瞪著我，好像我們是陌生人一樣。在我的印象裡，自從遇見豆漿以來，她的脾氣一直都很好，不管我怎麼鬧她玩她，她從來都沒有真正地兇過我，因此這樣的反應讓我有點嚇到。當我走到籠子旁時，她仍然爆氣地想要出手攻擊我。

在籠子內爆氣的豆漿

　　在萬分艱辛的狀況下，我總算一邊躲開她的攻擊，一邊打開了籠子，豆漿從籠子裡慢慢走出來，一邊對著我低吼，一邊緩緩往角落鋪好的墊子移動。當她想要趴下來休息的時候，又淒慘地大叫了一聲，因為手術傷口是在她的腹部側邊，不小心趴錯邊壓到了傷口。豆漿趕緊站起來換另一邊趴下，接著繼續怒目瞪視著我，搞得好像剛剛是我壓到她的傷口一樣。

或許此刻的豆漿就跟我之前拔完智齒一樣，傷口又痛、肚子又餓、心又累，才會不爽成這個樣子。我趕緊備妥了罐罐大餐，偷偷放在她的旁邊並遠離她，讓她安靜地休息，平復一下心情。

　　幾個小時過去，豆漿才起身離開墊子吃了一點食物。吃完後她慢慢地朝我走來，並發出生氣的低鳴聲。我有點緊張，豆漿這次也氣太久了吧！難不成絕育徹底改變她的個性了？

　　豆漿走到我的椅子旁邊，抬起頭，對我生氣地喵了一聲。

　　「怎樣？」我看著豆漿，小心翼翼地問道：「還在生氣喔？」

　　話一講完，豆漿突然跳到我的大腿上，雖然還是生氣地低鳴了兩聲，接著就趴下來，跟平常一樣閉上眼睛睡覺。

　　可喜可賀！豆漿終於在幾個小時後慢慢回復原本的個性啦！雖然生氣但又想向我撒嬌的豆漿實在是太可愛了！

　　隔天，除了身體側面有傷口之外，其餘一切正常，完全回歸成我認識的撒嬌豆漿了，有點失而復得的感覺，讚讚！

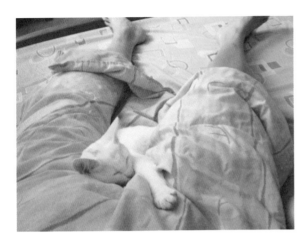

又回到熟悉的
撒嬌豆漿

習慣在我腿上睡覺的豆漿

理工宅的碎唸講古

　　建議大家都一定要帶貓咪做絕育手術喔！貓咪若沒絕育的話，母貓常見會有子宮蓄膿、卵巢腫瘤或乳腺腫大等問題，而公貓則會有亂噴尿占地盤的行為。考量貓咪的身體健康跟自己的生活品質，請還是乖乖地帶他們去絕育吧！

　　有優點自然就有缺點，貓咪絕育之後會有什麼後遺症呢？絕育後因為身體代謝改變，會造成輕微的肥胖，但是這對豆漿來說反而是優點，因為以後只要有人問：「豆漿是不是變胖了？」我就可以一概回覆：「喔喔～肯定是絕育的關係啦！」

　　聽起來或許有炫耀的成分，不過除了這一次絕育手術之外，豆漿真的從來沒有兇過我。即使有時候我很愛鬧她，她也只會掙扎一下就走開，不會有任何低鳴、哈氣或想打人的情況發生。

　　但豆漿對其他人就沒這麼友善了，只要我以外的人摸她的屁屁或是在她旁邊話太多，她覺得煩了，就會被怒兇一波，甚至被揍喔！

09

神秘消失事件

　　和養貓的室友共處一室，其實是一件不錯的事情。有時候我要回台北老家的時候，就由室友負責留守幫忙照顧兩兄妹；相反地，室友要回家時，則換我當保母。

　　記得某一次連假，輪到我留在新竹照顧這頑皮的兩兄妹。那天所有室友都不在家，我跟秒咪主人的房門都是敞開的狀態，讓這對兄妹在兩間房間來回地奔跑追逐。一下跳到桌子上，一下跳到書架、衣櫥上，他們快速移動的過程中，許多物品都被掃了下來。甚至跳到電視機上，雙腳大力一蹬，將它整個轟到地板，地板上頓時充滿著電視散落的零件們。

　　就在我準備要處理眼前殘局的時候，兩兄妹竟然沒有絲毫悔意，還是瘋狂地追逐亂跳，撥動散落一地的零組件。因此我決定把這兩隻貓咪暫時關起來，讓他們冷靜一下，我才能夠著手復原四周的環境。

　　我手邊只有一個貓咪的外出籠，但這個籠子的空間太小了，沒辦法一次關進兩隻貓。雖然我有偷偷想過，只要把會帶頭作亂的秒咪關進外出籠，就能天下太平，但是基於公平性，還是再找找有沒有能一次裝下兩隻貓的大空間吧！

兩兄妹體型還小的時候，
可以一起待在外出籠裡

環視了房內，首先看到了衣櫥。以衣櫥的大小，同時塞進兩隻貓咪肯定沒有問題。正要準備行動的時候，我突然想到，這兩隻鬼怪如果待在裡面五分鐘，衣服很有可能會被這兩位設計師裁剪成丐幫風格，不禁頭皮發麻，所以衣櫥也從選項中被移除了。

後來我靈機一動，想到室友房門外的洗衣機空間很大，讓這對頑皮兄妹在裡面待個五分鐘應該沒有問題！於是我帶著他們走到了洗衣機前，將兄妹倆放進去並蓋上蓋子。雖然家裡只

有我一個人，不過為了保險起見，我還是把洗衣機插頭給拔了，
畢竟不怕一萬、只怕萬一，還是小心為妙。

　　五分鐘後，我終於把躺在地板上的電視重新組裝復原，並
且完成加固。接下來我回到洗衣機前，準備釋放搗蛋兩兄妹，
沒想到打開蓋子的時候，看到了一個令人不可置信的畫面……

　　……

　　……

　　……

　　……裡面竟然是空的！？

　　怎麼可能？洗衣機蓋子上面的洗衣籃都還在，代表洗衣機
沒有被打開過才對呀！那兩隻貓咪怎麼可能憑空消失了呢？

　　我對著空氣大喊了一聲：「豆漿！」理論上照豆漿的個性，

打開洗衣機，裡
面竟然是空的

不知道我會隱身術嗎？

　　她應該是會回應我的。

　　「喵～」豆漿果然回應我了，而聲音的來源是從洗衣機裡面發出來的。

　　我定神一看才發現，原來這台老舊洗衣機的內桶跟外桶之間空隙很大，所以兩隻貓咪都跳進去了。我簡單用叫聲確認了一下兩隻貓咪的位置，這兩兄妹只有在我叫他們的時候才會回應，如果空間不足的話應該會持續大叫才對，看來裡面的空間應該不至於太擠而受到壓迫。

　　當下我的第一個念頭是，拿螺絲起子將內桶螺絲轉開並移除。但是仔細研究後我又想到了另一個解決方案，兩隻貓咪的體型都很小，如果連這種老式洗衣機的內外桶空隙都鑽得進去，也許可以讓他們從下方的排水孔鑽出來。

　　於是我微微抬起洗衣機的後端，讓洗衣機底部與地板之間露出一點空間，就看到兩隻貓咪悠閒地從洗衣機中走了出來，彷彿剛才什麼事都沒發生過一樣……

抬起洗衣機後端，看到
兩隻貓悠閒地走出來

　　我在養貓以前有聽過「貓咪是水做的」這句話，記得第一次聽到時還覺得這句話有夠浮誇，沒想到跟貓咪生活後，我越來越能體會這句話的深意。那些明明看起來狹窄到爆的紙箱、小洞，貓咪都可以鑽得進去。這一次的內外槽經驗真的開了我的眼界，也會開始慢慢注意一些平常不會特別注意到的狹窄處，確認有沒有可能造成貓咪卡住的風險。

　　這邊順便提醒大家一個看似無害，但其實也隱藏危險的物品——「手提紙袋」。有些手提紙袋的手提環雖然很小，但愛玩的貓咪仍會想辦法把頭伸進去，甚至有可能纏繞住脖子導致無法呼吸。如果家裡有手提紙袋要給貓咪玩，建議都把手提環先剪斷再讓貓咪玩會安心很多喔！

10
新貓咪室友

　　貓咪這種生物有種可怕的能力：即使他們整天調皮搗蛋、假鬼假怪，還是能讓人類覺得他們好萌好可愛。難怪貓咪可以在物種演化中存活下來，畢竟這個賣萌的能力雖然很不要臉，但對人類來說卻相當地管用。

　　我住的宿舍中有個室友就是中了這種貓咪的毒。

　　他原本沒有特別喜歡貓咪，不過因為跟豆漿和秒咪相處久了之後，越來越上癮。某天，他跟我們說他思考了很久，也決定認養一隻貓咪。於是請我跟秒咪的奴才領路，帶著他跑了幾間開放領養貓咪的動物醫院以及收容所，物色一下有緣的貓咪。

　　最後室友在收容所看上了一隻看起來有點凶狠的虎斑小貓和一隻怕生縮在角落的小黑貓。因為經濟因素考量，只能帶其中一隻回家，所以他決定回家認真思考一下再做決定。

　　隔天早上我醒來，看到室友手裡提著外出籠，不是往外走，而是剛走進家門。原來他一早就迫不及待地去收容所領養了貓咪，甚至也已經看完獸醫並做好相關的檢查跟驅蟲了。

　　我打開籠子一看，是那隻怕生的小黑貓，年紀約莫兩個月大，性別是女生。看起來她跟昨天一樣相當地怕生，躲在籠子

的角落裡瑟瑟發抖。不過貓咪適應新環境時本來就會需要一些時間，因此我建議室友最好是放下食物跟水之後就不要理會她，理論上等她熟悉一下四周環境後，情況就會改善很多了。

當然，最好奇的就是這隻小黑貓到底會叫什麼名字呢？室友在出門之前就已經幫她想好了芳名──黑柚（Hey Yo）。

可憐哪！又是一個可愛的妹子被理工男荼毒的例子。於是我們家中的喵星人宇宙漸漸成形，從原本的兩貓小隊正式擴增為三貓組織。

💬 跟黑柚玩會被豆漿怒瞪

　　黑柚的個性是怕人、親貓，平時看到人類靠近時就會想要躲到黑暗的角落裡耍自閉。又因為她本身就是黑貓，所以我常常找不到她。而豆漿剛好相反，豆漿是親人但不親貓。黑柚剛來的前幾週，每當她想要釋出善意主動靠近豆漿時，豆漿就會有股想要衝上前去揍她的衝動。

　　至於秒咪呢……黑柚來的第一天他聞了一下，就沒問題了，不愧是傻大哥。幸好，大約一個月後豆漿還是慢慢地接納了黑柚，所以三貓常常會一起睡覺或是玩耍。

💬 一個月後，豆
漿跟黑柚的關
係也變得不錯

11

貓咪走失

　　時間過得很快，轉眼之間又到農曆年了。除夕那天，室友都會各自回家吃年夜飯，秒咪跟他的奴才回家，而豆漿則跟我一起去奶奶家過年。

　　由於黑柚的奴才過年期間要出遠門，沒辦法帶著黑柚一起行動，所以就請我來照顧黑柚。我想說豆漿跟黑柚已經是好朋友了，把她們倆放在一起有個伴也不錯，就答應一起帶黑柚回我奶奶家過年。

💬 搭車回南部，
　　一臉興奮的豆漿

　　我帶著大籠子跟兩隻貓咪回到了奶奶家，跟往年一樣，會先在這邊住個兩、三天。不過因為來訪的親戚中有人對貓毛過敏，所以大籠子組好後就先將兩隻貓咪安置在空間很大的車庫裡。

　　隔天清早，我感覺到身體被人大力地搖晃著。

　　「快起床，籠子裡只剩下豆漿欸！」耳邊傳來我媽焦急的聲音。

　　「沒有啦，妳看錯了，小貓是黑色的，所以妳沒看清楚……」說完，我翻了翻身繼續睡。一大清早的，籠子門又關著，這種事怎麼可能會發生嘛！

　　「我非常確定裡面只剩一隻貓咪，黑貓不見了！」我媽再次喊道。

　　真的假的！這時我才從睡夢中驚醒，立刻從床上彈跳起來，跑向車庫一看，籠子裡竟然真的只剩下豆漿而已！但我仔細一看，籠子門並沒有被打開，那為什麼黑柚消失了？

　　我第一個想法是，有人打開籠子把黑柚帶出去玩，沒有告知我。但會那麼早起的人只有爺爺跟奶奶，其他人一定都還在睡覺。我趕快去找爺爺跟奶奶確認是否打開過籠子，得到的答案都是否定的。

　　我再次回到籠子前仔細看了一下，發現籠子角落有個小釦子沒有扣到最緊，如果將這個釦子旁邊的小縫用力扳開的話，大概可以露出半個拳頭大的縫隙空間。黑柚體型相當小，合理推斷她是從這裡硬鑽出去了。

雖然第一次遇到貓咪走失讓我很緊張，但眼下還是要冷靜評估一下實際的狀況，以及思考找回黑柚的方式。我爺爺平常早起後都會打開車庫的鐵捲門，然後在車庫裡泡茶。因此黑柚跑出籠子時，車庫鐵捲門很有可能已經是敞開的狀況，也就是說她有可能早已跑出去外面一段時間了。車庫內的現況是：空間很寬敞，正中間停了一台我爺爺平時載貨用的三輪拖板車，而四周則堆滿了累積多年的雜物。我請爺爺先把車子從車庫中開出來，接著就拉下車庫的鐵捲門。

　　這時黑柚可能的所在地就被切割成車庫內跟車庫外了。

　　由於事關重大，而且貓咪走失前幾個小時是最有機會尋回的黃金救援期，因此我請全家總動員，一起來找尋黑柚的下落。由於爺爺和奶奶與附近的街坊鄰居們很熟，我請他們協助詢問左鄰右舍有沒有人看到一隻小黑貓，若是沒有看到的話也可以協助留意。

　　至於爸爸媽媽，則是請他們以步行的方式，分頭幫我注意大街小巷的各個「角落」。理論上黑柚不太可能大剌剌地出現在路上，如果正巧看到的話請他們趕緊打電話通知我。因為黑柚天性比較怕生，擅自靠近的話很可能會嚇到她，反而跑得更遠。

　　而我自己，則是待在我覺得黑柚最有可能出沒的車庫裡。以我對黑柚的了解，她的個性很怕生又膽小，如果不小心讓她鑽出了籠子，選擇躲在車庫四周的雜物堆裡的機率相對高一些。

各位加把勁啊！

　　我將籠子連同豆漿一起安置回房間後，就請我哥和我妹一起回到大車庫裡翻找。畢竟黑柚又小又黑，且車庫內的雜物又很多，由視力好的年輕人來這邊搜索應該比較適合。

　　整個早上，我們把車庫裡大大小小的角落全都翻遍了，還是沒有找到黑柚的蹤影。

　　爺爺奶奶逐一詢問過附近的鄰居，沒有任何人表示有看到小黑貓。而爸爸媽媽在外面找了好一陣子後，也沒有找到半點蛛絲馬跡。

　　瞬間，所有可能性都落空了！一陣失落感向我襲來。我明白面對貓咪走失，其實就是在跟時間賽跑，若是黑柚真的跑出去外面了，時間越晚，找到她的難度就會大幅提升，所以我的身體與心理都相當沉重……

到了中午時間，儘管心情低落吃不下飯，我還是簡單塞了一些食物在嘴裡補充體力。接著我打電話跟黑柚的奴才道歉並說明現在的情況，我也答應他一定會盡全力找到黑柚。

　　下午我站在車庫鐵捲門前認真思考了一下，假如我是黑柚，可能會往哪邊躲藏呢？由於奶奶家是類似三合院的空間，車庫門口有一個很大的空地，若是跑出去外面的話會先經過一個沒有遮蔽物的空間。

　　黑柚平時的個性就是喜歡躲在角落，而不是待在大家看得到的地方，我實在不認為她願意跑過這個大空地到外面探索。因此我決定還是回到車庫，再次把車庫的雜物們逐一地搬出來仔細搜索。就這樣，幾個小時過去，第二度搬開雜物找了一輪之後，仍然沒有黑柚的蹤跡。雖然是冬天，但在密閉空間裡持續勞動實在是太累了，我的全身上下都是滿滿的灰塵與汗水。

　　我回到屋內喝口水後又重新推敲了一下，就算黑柚還待在車庫，但以黑柚不親人的個性來說，她肯定會努力躲避著我。

　　這時我靈機一動，那我是不是能反過來利用她親貓的個性來嘗試看看呢？

為了驗證我的假設，我返回房間，把籠子與豆漿放置到車庫正中央。這樣一來，假如黑柚還躲在車庫的某個角落，她就可以看見豆漿回到了車庫。接著我請所有人這半小時內都先不要靠近車庫，因為黑柚光是聽到人類腳步聲就會躲起來。

　　而我就在車庫小門外面拉了一張椅子坐下，盡量不發出任何聲音地等待著。

　　時間一分一秒過去，差不多過了半個小時之後，我緩緩站起身，以迅雷不及掩耳的速度打開車庫小門往裡面一看……黑柚就在豆漿的籠子外，正把手伸進籠子跟豆漿玩！！

黑柚在籠子外面
伸手進去跟豆漿玩

很明顯都是我的功勞

　　黑柚一看到我打開門，馬上就被嚇到了！瞬間衝到車庫角落躲了起來。我緊盯著黑柚躲藏的方向，興奮得大聲呼喊，把家人全部都叫來。黑柚走失的事件終於有了非常大的進展，至少確認了黑柚沒有跑到外面去。

　　但即使確認了黑柚在車庫裡，她還是會在我們搬動雜物時快速地在隙縫中不斷地變換位置，要抓到她的難度相當高，難怪早上怎麼找都找不到。不過這次人多，她不管往哪邊跑都看得到，最後還是順利地將她抓回籠子裡，我也總算鬆了一口氣。

　　我趕緊打電話跟室友報告這個喜訊，結束了這場人生中第一次實際體驗到貓咪走失的驚險歷程。

好險好險，差點少了一個朋友

理工宅的邏輯

　　貓咪走失真的會讓人心很慌，在怎麼樣也找不到的情況下更是容易灰心喪志。最實際的方法還是動員大量的人力找尋，不管是鄰居、朋友、路人、網友……都是救援兵力，我相信越多人協助，找回貓咪的機率就越高。

　　心慌的同時仍然要保持冷靜的判斷，畢竟最了解貓咪的人不是別人，肯定是自己。不同貓咪的個性都會影響到走失時可以往什麼方向尋找，假設今天走失的是秒咪，我重點找尋的方向就不會是車庫內，可能會是戶外的樹上或屋頂上為主。

　　至於坊間傳聞的一些特殊方法，例如「街貓找貓法」（求助路上野貓，請他們幫忙遇到走失的貓叫他回家）、「剪刀找貓法」（在廚房放一把打開的剪刀默唸貓咪名字）等等各式各樣找貓方法，站在理工人的立場我會跟你說，這些方法在「物理」上找貓是較沒有幫助的。

　　但我認為找了一陣子都找不到時，仍然可以試試看這些方法。畢竟一直找不到貓咪真的會身心俱疲產生放棄的念頭。與其說這些特殊的方法能夠幫忙找到貓，不如說會讓主人脆弱的心靈重新升起了一股「相信」的力量，感覺有神秘力量一起幫助自己，進而有動力提起精神繼續尋找心愛的貓咪，我想這才是這些方法的價值所在。

12

黏人的妹子

　　大三和大四的時間過得特別快，兩年一下子就過去了，轉眼就到了大四的畢業典禮，而三貓同住的快樂時光也接近了尾聲。畢業後室友們即將各奔東西，有些人選擇先去當兵，有些人考到了南部大學的研究所，而我則是申請上清大研究所繼續就讀──開啟我這「新竹地縛靈」的稱號。

　　我跟同樣選擇待在清大研究所的五位同學一起合租了一間透天厝，一樓室內可以停放機車，而二、三、四樓則各有一大一小共兩間房。這時我陷入了選擇困難症，大房間的空間約是

💬 最後選擇住二樓的小房間

小房間的二點五倍大，房租理所當然地比小房間貴了兩、三千元，到底要選哪一間好呢？

其實對宅男來說，小房間的空間就綽綽有餘，畢竟我的活動空間就是電腦桌前一公尺範圍而已，不要拔掉我的網路線，我就可以活得很精采。但是豆漿需要跑跳的活動空間，大房間似乎會比較適合她。

最後我想到一個折衷的辦法，我先詢問室友們，若是讓豆漿平常待在公共空間玩耍，大家能不能接受？室友們都異口同聲地表示沒有問題。畢竟貓咪這種生物就算當個廢柴躺在走道上都會令人覺得賞心悅目。

既然豆漿的活動空間變大了，選擇小房間就沒有問題，平常我去上課的時候讓豆漿在公共空間裡跑跑跳跳，等她想睡覺的時候再回來小房間就好。而每個月兩千塊的房租價差可以讓豆漿買更多的罐頭取代乾乾，現在想想，我還真的是天才啊！

🗨 宅男的活動範圍

這間房間雖然平時陽光照不進來，但能照射到窗台。考量到豆漿喜歡曬太陽的習性，第二天我就訂購了一個超大防護網安裝在窗台，等於設立了一個豆漿專屬的日光浴席位。每天下午豆漿都能待在那兒爽爽曬太陽，看來相當滿意。

念研究所的兩年，我跟豆漿就在這個小小的空間裡展開了新的生活。

碩士班生活其實跟大學生活沒什麼兩樣，一樣是白天上課，晚上再去當家教賺一些生活費跟學費。因為碩班每個月還有額外的研究生薪水，所以豆漿吃罐頭的頻率從兩、三天一次，升級成白天吃乾乾、晚上吃罐頭的半濕食，這應該就是所謂的多年媳婦熬成婆吧？

在大學時期，課堂之間的空堂我通常都會回宿舍休息，可能是玩電腦或玩貓，因此白天跟豆漿相處的時間算滿多的。不過研究所的空堂時間我幾乎都會待在研究室，白天待在家裡的時間相對少了很多。每天傍晚當我從研究室騎車回家，在室內車庫準備停車的時候，都會看到豆漿直挺挺地站在一樓的樓梯旁，等著我將機車熄火以及把所有東西收拾好，再跟我一起走回二樓的房間。

過了一、兩週之後，我終於按捺不住好奇心，詢問了其他幾位室友：「問你們喔，你們回到家在一樓車庫停車的時候，豆漿會不會站在一樓的樓梯旁邊等你們？」結果所有室友都異口同聲地回答，從來沒有看過豆漿下樓等待他們。

💬 很安全的曬太陽平台

💬 曬太陽很爽但表情很猙獰

💬 開心地待在罐頭圈中

　　真是感人的豆漿！原來豆漿不僅黏我，而且還擁有聽音辨人的超能力了！光憑機車的聲音就辨認出是我回來而下樓迎接。

　　「漿漿，這幾年果然沒有白養妳了！」當天我的心情很好，立馬買了一堆罐罐當作獎勵。

　　除了上述暖心行徑之外，豆漿還有其他黏人的行為。舉個例子來說，當我每天晚上去樓上洗澡的時候（三樓才有熱水器可以洗澡），豆漿絕對會跟著我一起上樓，接著就待在浴室門口乖乖地等我洗完澡出來。偶爾洗得太忘我，時間超過了十分鐘，豆漿還會在門口大叫，擔心我是不是在裡面發生了什麼事情，揪感心！當然也有另一種可能是她覺得我在浴室唱歌的聲音很吵，但我通常會假設這種可能性不存在。

　　當我洗完澡出來後，豆漿就會立刻興奮地站起來，以領頭羊的姿態帶著我下樓回到房間，生怕我忘記回房間的路一樣，相當地暖心。我記得當時把這件事情跟我幾個同學講，大家都覺得我在唬爛，貓怎麼可能這麼聰明呢？

　　當時為了證明自己所言不假，豆漿真的會陪我上樓洗澡且帶我回房間，我還特地錄了一支影片，拿去學校向同學炫耀。當然，幾個月後豆漿的粉專誕生之後，我也不免俗地上傳了這部經典影片，畢竟丟上網就不是只跟朋友炫耀，而是跟所有網友們炫耀，真的爽！

　　還有一次我得了腸胃炎，整天臥病在床動不了。平常一直吵著要我陪她玩的豆漿竟然就這樣乖乖地躺在我旁邊，不吵不鬧地陪著我睡了一天，真的是天使貓咪。可惜當天體力太虛弱，沒有錄下來，大家是不是覺得我又在唬爛了呢！？

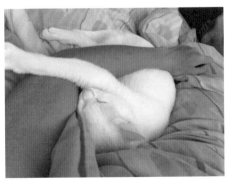

**豆漿當領頭羊
回憶影片**

💬 沒吵著要我放飯，就這樣陪著我睡了一整天

13

網美豆漿出道

　　某天，我的手機裡跳出了容量不足的提示，建議我要做個清理。打開手機相簿一看，滿滿都是豆漿的照片跟影片，很像打開變態跟蹤狂手機會出現的畫面。為了確認哪些東西可以刪除，我只好花一點時間將相簿裡的所有照片和影片，從頭到尾瀏覽了一遍。

🗨 奇怪的假髮漿　　　　　　　　　🗨 不知名列車長

💬 手機很多經典照

💬 也有可愛的美照啦

💬 美照再一發　　💬 奇怪的睡覺照

沒想到重新看一次後，許多有趣好笑的回憶都回來了，我心想這些影片和照片只有我看到實在是太可惜了！於是我將這些資料都先備份到電腦裡，接著開始慢慢把檔案丟到自己的臉書上，結果在好友圈獲得了熱烈的迴響。更好笑的是，我發現除了原本認識的好友會按讚之外，還有很多不認識的人也跑來我的臉書，在豆漿的照片下按讚，我想這就是貓咪的威力吧！

　　不過這畢竟是我的臉書，除了豆漿的照片，偶爾也會有我本人被朋友 tag 的蠢照出現。考量到有些不認識的網友只是想單純看豆漿的美照，而不是噁心的宅男，所以我幫豆漿另外辦了一個屬於豆漿的臉書帳號（不是粉絲團），讓大家可以單純地吸貓，就不用大費周章加我好友了。

　　但是，很快又有新的問題產生，就是每次我登入豆漿的臉書帳號，第一件事就是得幫豆漿勾選數十個「同意好友申請」的按鈕，每次都點到手很痠，原來朋友太多也是煩惱啊！

　　而且這個同意好友申請的數量隨著粉絲們一個拉一個越來越多，這樣下去也不是辦法。於是我便有了將臉書帳號改成粉絲團的想法，以後不僅不需要逐一同意好友，還可以讓想看豆漿照片的人直接追蹤更加方便。

我要有自己的粉專了！？

💬 豆漿 -Soybean Milk 粉絲專頁建立

　　因此 2015 年 6 月 21 日這天，豆漿的粉絲專頁就這樣誕生了！

　　建立粉絲團後，我也開始上網自學剪輯影片的技巧。畢竟錄製貓咪的影片一錄就是好幾分鐘，但實際想要跟大家分享的片段可能只有幾秒鐘而已，經過剪輯可以讓大家看得比較順暢。

　　經營粉絲團後才發現真的不容易，不僅要回覆私訊、回覆留言、思考文案等等的雜事，還需要下工夫精進拍攝和剪輯的功力。那時粉專並沒有所謂的分潤，因此所有的作業都沒有任何的收入，但是看到網友們都很喜歡豆漿的照片跟影片，持續地分享豆漿的照片和影片慢慢就變成了一種習慣，有種炫耀自家小孩初長成的滿足感，所以做起來還是相當開心的。

　　某些豆漿的影片甚至會被新聞媒體轉發分享，粉絲人數也漸漸地從幾百人慢慢地上升到幾千人，越來越多人成為所謂的「漿絲」。

本宮皮膚白皙、四肢修長，
想不圈粉都難

理工宅的碎唸講古

很多粉絲專頁成立幕後都有個感動人心的品牌故事，可能是創辦人的心路歷程、企業的核心精神，甚至是偉大的願景。

每當有人問我為什麼會建立豆漿的粉絲專頁，我的官方回覆一律是：為了保存豆漿從小到大的照片和影片。

但如果要我講出更深入的原因，其實是⋯⋯我按同意好友按到手很痠，再不辦粉絲專頁我的手真的會抽筋的。

14
「小強」危機

　　某天晚上，我照例開著房門，讓豆漿在公共空間裡跑跑跳跳。突然聽到外面傳來豆漿彈跳以及窸窸窣窣的聲音，我伸出頭往外看了一下，發現是豆漿在跟一隻會飛的大蟑螂玩追逐秀。當豆漿跳起來摸牆壁上的蟑螂時，蟑螂就會飛到旁邊躲避，接著豆漿又跳過去摸蟑螂，而蟑螂又再度起飛，兩位不斷地重複上述的情節。

　　我看到這一幕時嚇歪了！我很討厭蟑螂，所以平時都把房間保持得很乾淨，不讓蟑螂有出現的機會。而且這隻蟑螂會飛，我更是沒辦法接受。但是豆漿跟它玩得太開心了，蟑螂又在外頭飛來飛去，我實在沒辦法走過去把豆漿抓回房間，於是我把門關起來，讓豆漿在門外繼續跟大蟑螂玩耍，一心祈禱著晚點打開房門時，豆漿已經把蟑螂玩死了。

　　關上門不久，劇情卻往最慘的方向發展，豆漿不只沒有把蟑螂玩死，竟然還把大蟑螂從我的門縫中趕了進來，當時真想把豆漿吊起來痛毆一頓！大蟑螂一爬進房間，就直接起飛在房裡四處亂竄，嚇得我在房間裡躲來躲去，趁著蟑螂飛到離門比較遠的空檔，趕快飛也似地奪門而出。

　　豆漿則跟我相反，開心地衝進房間繼續跟大蟑螂同樂。

　　其他四位室友聽到我哀嚎的聲音，都跑來我的房門口一探究竟。他們了解目前的情況之後，也沒有一個人敢走進房裡把蟑螂打死，原來大家都跟我一樣廢。

　　眼前的畫面相當詭異，狹窄的門口擠了五個宅男，看著房裡的豆漿跟房內飛來飛去的大蟑螂上演著你追我跑的戲碼，一起祈禱著豆漿大神能幫我們制裁這隻大蟑螂。

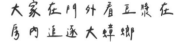

大家在門外看豆漿在房內追逐大蟑螂

過了一陣子，大蟑螂在逃避豆漿追捕時，突然從房間快速地飛出門外，幾個宅男嚇到如鳥獸散，各自躲回自己的房間龜縮。我也抓準時機，攔住想衝出房門外追趕蟑螂的豆漿，抱起她趕緊回到房內把門關上，不讓豆漿再跑出房門外。

💬 豆漿吵著想出去跟大蟑螂搏命

　　事情看似告了一個段落，我打電話給最後一位尚未回家、還待在學校研究室的室友，催促他趕緊回家，因為他是我們裡面唯一一個敢打會飛蟑螂的勇者，只要他回來處理掉那隻會飛的大蟑螂就沒事了。

　　這個時候，大蟑螂不知道哪根筋不對，竟然自己從我房間的門縫爬了進來，接著再度起飛，我差點被嚇得命都沒了。但是我旁邊的豆漿反應可就不一樣了，她眼裡有種看見玩具失而復得的喜悅，馬上眼睛一亮地和蟑螂繼續大戰三百回合。

　　最後又重複了一遍我倉皇失措地跑出房外避難，然後在門外等豆漿把蟑螂趕出去的輪迴。在豆漿第二度讓蟑螂飛出房門外後，我才趕緊抱起豆漿衝回房間，迅速地把門關上，並且用衣物塞滿門縫，避免蟑螂又伸出魔掌爬進來。

　　直到接近午夜，最後一位室友從研究室回來，兩、三下就把那隻會飛的大蟑螂解決後，才阻止了這一場風波。

理工宅的碎唸講古

　　「小強」事件發生的時候，豆漿粉專其實已經開始經營，難得遇到這麼好笑的事情，我想說不妨錄下來讓大家一起同樂，應該是不錯的紀念。很可惜的是，最後影片沒有錄製成功，因為那隻大蟑螂的飛行速度超快，我實在沒有辦法一邊專注於手機畫面、一邊閃躲牠的暴衝，只能專心地逃命，所以這個可怕的攻擊事件就只能用文字的方式來記錄了。

💬 當時的六位宅男室友們合照（其中一位在手機裡），可以猜猜看哪一位不怕蟑螂

15
死對頭登場

　　在宿舍住了大約快一年的時間後，一位住在四樓的室友從老家帶來了一隻三花貓咪——麥克。

　　剛聽到貓咪的名字時，其實有點訝異。因為一般來說，三花這種花色是女生的機率高達百分之九十九，難不成這隻是萬中選一的三花小男生？所以我馬上就詢問了一下麥克的性別，結果……果然還是女生啊。

　　雖然覺得麥克這個名字搭配這位三花妹子有點怪，但後來想想畢竟是理工人嘛，理工仔取名的黑歷史就是一直不斷重複上演，什麼秒咪、Hey Yo 之類的悲劇取名我都參與其中，所以也見怪不怪了。順帶一提，多年之後，豆漿的新弟弟取名為「俊榮」，又是另一個悲劇的故事了。

💬 室友的三花貓咪——麥克

豆漿跟其他貓咪相處的經驗不多，從小到大她最熟悉的貓咪玩伴就是哥哥秒咪。雖然之後還有跟黑柚的一些相處，不過因為當時豆漿年紀還不大，對其他貓咪還有一點點的接受度，但其實也花了好一陣子才接受黑柚。

但麥克就沒那麼幸運了，從麥克來到宿舍的第一天開始，豆漿對她的態度就非常兇狠，彷彿是在向她下馬威說：「姊不是吃素的！」

記得麥克剛來的前幾天都是待在自己的房間，被隔離了好一陣子。不過豆漿的鼻子很靈，每天都會爬上四樓麥克的房門口想要堵人，或者精確地說——想要堵貓。一段時間後，我們才讓這兩隻貓開始慢慢在公共空間接觸。

豆漿住在二樓，麥克住在四樓，但說來奇怪，這兩隻貓咪總會不約而同地在三樓巧遇，好像是事先講好了一樣。而她們見面後一定是彼此叫囂，每次看她們互不相讓地嗆聲，心裡就會默默地想著：「好可怕，真的不要惹到妹子啊！」

如何讓兩隻貓咪磨合相處，網路上許多人提供了不同觀點，當時我跟室友採取了其中一派的說法：「貓咪磨合時，雖然有紛爭，不過只要沒有見血的話可以不予理會，因為她們會用自己的方式找出平衡點。」所以若豆漿和麥克之間沒有發生激烈衝突，我跟室友就採取讓她們自由發展的方案。

過了一、兩個月，這種方法看似對兩隻都不親貓的貓咪並沒有產生正面的效果，每當她們狹路相逢時還是會像第一次見面一樣忍不住吵起架來。

　　我跟室友討論過後，想說距離畢業的日子不遠了，同在一個屋簷下的時間也不會太長，其實也不用勉強她們變成好朋友。所以之後我跟室友白天上課不在家的時候，會輪流放貓出來在公共空間蹓躂，彼此井水不犯河水，也就一直相安無事到畢業。

　　雖然內心覺得這兩隻貓無法當朋友有點可惜，但日子過得開心還是比較重要啦！畢竟……豆漿還有我這個朋友（？）

什麼朋友！？你只是放飯工具人

理工宅的碎唸講古

　　其實貓咪磨合有許多種方式，當初我和室友本來想換個不同的方式試試看，不過考量到已經碩二了，寫論文必須長時間待在研究室和其他種種原因，就不再嘗試其他方法了。而且豆漿跟麥克都不是親貓的貓咪，就算多花幾個月時間讓她們磨合成功也差不多要分開了，不如輪流在公共空間玩。剛好豆漿每天最喜歡待的地方仍是在窗台上曬太陽，所以影響不大。

麥克來二樓跟豆漿吵架

16

暫別豆漿一年

時間過得很快，轉眼就到了六月畢業季，碩士生跟大學生不同的是，每位碩士生的畢業時間都不太一樣，是依照每位教授的標準而定。我的室友們有一半即將畢業，另一半還身處在寫論文地獄裡，而我也是在地獄的其中一人。

因為這棟透天厝即將少了一半的人，留下來的房客需要負擔兩倍的租金才可以續租下去。但我們這些窮研究生怎麼可能有多餘的預算呢？於是大家只好各自找個短租繼續努力拚論文，而我跟豆漿在暑假期間也搬到了某間公寓頂樓。

💬 由於是頂樓所以窗外有風景　　💬 只住一個半月的小套房

　　皇天不負苦心人，我在八月的時候總算完成了碩士口試。如果沒意外的話，跑一下畢業流程，下週就可以拿到畢業證書了！白天上課、晚上當家教，閒暇時間就忙著剪影片的學生生涯總算要劃下句點了。一般來說，碩士畢業後幾個月內就會收到兵單，想想自己也辛苦了好幾年，在等兵單期間總算能夠好好喘口氣了。

🗨 終於畢業啦！

🗨 清大插班生豆漿一起畢業

沒想到當天下午爸爸打電話給我，說家裡收到了要我進成功嶺報到的通知單，時間是……下週三，也就是拿到畢業證書隔天，我就要高唱從軍樂，看來我真的是天生勞碌命啊！

　　成功嶺受訓的時間是三週，也就是說，這段時間粉絲團是停擺的。為了避免漿絲們哀嚎粉專怎麼不更新，我一次剪了好幾部影片，並安排在我上成功嶺的時候陸續上片，所以我想當時的粉絲們完全感覺不到粉絲團有停止運作的跡象，我可真佩服我的鬼腦袋。

　　到了畢業這一天，當天早上我領完畢業證書以及跟教授拍照留念後，下午就打包好所有家當，帶著豆漿一起搬離我待了六年的新竹。搬回家後，當務之急就是把照顧豆漿的任務交接給我妹妹，我不在家的這段時間就由也很喜歡貓咪的她來照顧，不用太擔心。

💬 豆漿首次回去住老家

隔天早上出發往成功嶺之前，我跟豆漿講悄悄話，請她要乖一點。畢竟我要消失三週，心裡還是會放心不下豆漿，而我最擔心的莫過於……等我新訓完畢回來的時候，她會不會又胖了一圈？

一臉會吃好吃滿的表情

很擔心回家看到豆漿變阿嬤養的貓

在成功嶺的三週，我體驗了沒有手搖杯飲料、沒有網路且早睡早起的規律生活。若說這是我人生中最健康的三週，絕對不誇張，令人印象深刻且有點懷念。話雖如此，但如果有人問我想不想再體驗一次，我還是會叫他去吃屎。

第一次從成功嶺放假回家，豆漿一聽到我的聲音馬上衝出來對著我喵，然後在地上來一波肥宅翻滾，真的太感人了！我第一時間當然是跟家人確認，豆漿對每個人都這樣嗎？得到的回答是否定的，豆漿不管誰回來，都不曾出來迎接過。

聽到這樣的回答，我的心情很好，代表這幾年真的沒白疼豆漿。當然也有可能只是豆漿聽到長期飯票熟悉的聲音，確定不會有餓肚子的風險才安心地倒地翻滾。

💬 服役放假回到家陪豆漿耍廢

在家休息了一個週末之後，我又到高雄受訓了兩週，接著就是要進行令人緊張的橋段——分發服役地點，畢竟大家都想要離老家越近越好，這樣放假通勤才不用長途跋涉。最後結果出爐，我被分發到……新竹，新竹地縛靈的體質又正常發威了！這真是可怕的孽緣，原本以為自己總算告別風城，結果卻是邁向新竹生活的第七年。

接下來的日子，就是待在熟悉的新竹過著替代役生活。我服役的地點是學校，週一到週五在服役單位正常出勤，週末正常放假，其實挺規律的。

雖然跟在學時期一樣是待在學校，但比起研究所寫論文的地獄生活，還是輕鬆了不少。白天我在學校處理一些例行事務工作，像是指揮交通、修繕設備、舉辦活動，或是協助辦公室同仁處理文書等等。而晚上關上了校門後，就待在學校提供的役男宿舍用電腦，雖然有點簡陋，但宅男只要有電腦跟網路，基本上就可以活得很燦爛了。

🗨 當年的替代役住宿

🗨 避免蚊蟲侵擾的蚊帳

而豆漿這邊，週一到週五的白天，我都請家人讓豆漿待在我的房間，不要放到公共空間。大家先不要急著罵我虐貓，因為家裡白天常有鄰居來串門子，我擔心在大門開開關關的過程中不小心讓豆漿溜了出去。小心駛得萬年船嘛！當然豆漿不會整天都待在房間裡，平時我妹下課或是我哥下班回到家之後，會由他們顧著豆漿讓她出房門蹓躂，這樣我會比較放心。

因為週末都有穩定的休假，我就會回家好好陪豆漿玩。每週五晚上當我從新竹搭車回家的時候，豆漿會衝到門口對我喵喵叫，然後在地上翻滾，沒有一次例外。回到家後當然是讓她把週一到週五沒有撒嬌到的量一次補足。豆漿的撒嬌攻勢真的很可怕，所以放假後我宅在家的時間滿長的，剛好也利用這些時間多拍攝一些豆漿的日常影片。

在服役單位，我通常利用晚上自由時間在宿舍剪輯影片。

💬 撒嬌王豆漿

♀ 放假回到家，豆漿
很愛待在我腿上

♀ 照片幾乎都是在
我腿上撒嬌

💬 家人常常會傳豆漿的照片給我

💬 我不在家時，豆漿顯得比較孤僻一點

俗話說得好：「三週不出片，便覺面目可憎，粉專無味。」即使我人在服役，粉絲專頁的照片和影片依然能夠穩定更新，讓大家陪著豆漿一起生活和成長。如果能照這個模式繼續下去的話，服役這一年應該可以過得很順利！

　　殊不知往往天不從人願……

理工宅的碎唸講古

　　我住的替代役宿舍很特別，位於學校體育館的某間小房間，以前應該是拿來堆放器材的，後來提供給役男住宿使用。

　　當時一個人晚上住在空蕩蕩的體育館裡，若是晚上想要上廁所或是洗澡，都必須路過漆黑的大禮堂。當時值得慶幸的一點是，身為理工阿宅，我不太害怕物理無法觀測的鬼怪，畢竟可以被觀測的蟑螂還是噁心多了。

　　不過這個慶幸持續得不久，服役期間某天跟風玩了一款台灣很有名的遊戲 ——「返校」後，我對大禮堂的感覺不知道為什麼就變得怪怪的了，是我的錯覺嗎？

學校內的大禮堂　　　　　遊戲內的大禮堂

17

黴菌大作戰

　　雖說豆漿住在我家好一陣子了，不過當我的家人主動摸她的時候，還是有很大的機率會被豆漿兇。只有在豆漿自己覺得無聊，主動走過去與我家人親近示好時，才可以摸摸她，不會有被兇的風險。

　　所以家人們偶爾就會向我抱怨，豆漿怎麼跟平時影片裡的她不太一樣？難道那些親人呼嚕都只是節目效果？

　　這部分其實我也很訝異，因為不管我怎麼摸遍豆漿全身上下，甚至還將她抱住，她都不太抗拒，還會舒服到呼嚕。所以我也一直以為只要跟豆漿長時間相處一陣子，就會獲得豆漿的認可。

　　家人不能摸豆漿其實不是件好事，因為貓咪這種生物很能忍受不舒服，如果能每天摸摸貓咪的身體，一旦有什麼異狀才能及早發現，所以我每次放假回家第一件事就是把豆漿全身給摸一遍。

　　某次回到家，豆漿照慣例跳到我的腿上撒嬌，我順手摸了摸她，發現下巴摸起來的觸感跟平時不太一樣，這時我把豆漿

的下巴抬起來一看，竟然掉了一圈毛！我立刻帶豆漿去附近的動物醫院檢查，經過醫生確診是黴菌感染。

　　造成貓咪黴菌感染的原因有很多，通常貓咪免疫力下降或是環境潮濕的情況下都容易發生。而且黴菌不是幾天或一、兩週之內就會好的病症，而是長達好幾個月的抗戰。

　　比較常見的治療方式是吃類固醇或是幫貓咪洗藥浴，不過醫生有提到吃藥是較為傷身的做法。因此我最後還是決定先以麻煩的藥浴治療作為首要方案，倘若沒有成效再考慮吃藥這個選擇。

💬 發現豆漿下巴掉了一圈毛

💬 醫生檢查下巴脫毛情形

因為我只有週末在家，所以只好麻煩我哥跟我妹每個星期三合作幫豆漿洗藥浴，而我則是回到家後會自行幫豆漿洗一次，讓她每週能洗到兩次藥浴。

　　幫豆漿洗澡簡直是個惡夢，洗藥浴更是惡夢中的惡夢。因為洗藥浴時要讓抗黴菌的洗劑停留在身上一段時間才會有效，比一般洗澡時間拉長很多，這也意味著我要持續聽豆漿彷彿虐貓般的鬼叫。除此之外，怕水的豆漿也會在我身體爬上爬下的，每次替她洗完澡之後，身上多出幾道抓痕是很稀鬆平常的事情。因此我常常蹲在廁所，一邊幫豆漿洗澡一邊懷疑起人生。

　　洗完澡不代表一切結束了，緊接著就是吹貓毛地獄。如果我的房間有監視器的話，大家會看到一個宅男拿著吹風機，跟在一隻貓的後面，在房間到處跑來跑去的詭異畫面。每次這樣一洗一吹，好幾個小時就耗掉了，真的是身心俱疲，往往會有種放假比收假還辛苦的感慨。

　　除了洗藥浴之外，我還會用稀釋過的漂白水清潔環境，擦拭豆漿的日用品。黴菌可怕的地方就是它的生存力非常強，即使洗了藥浴，如果環境中的黴菌孢子還存活的話，就會造成黴菌反覆感染，治癒期相對也會拉長。

💬 洗完澡等吹乾
　 的豆漿

💬 一直洗澡洗到
　 厭世的臉

就這樣，持續跟黴菌奮鬥了將近三個月之後，豆漿禿毛的地方總算都長出毛了。比起如釋重負的我，視洗澡如打仗一般的豆漿，應該比我還開心吧？

理工宅的碎唸講古

　　在豆漿治療黴菌的這三個月，每次我放假回到家就是把她抓去浴室洗澡。當時有點擔心豆漿會開始怕我，畢竟她那麼聰明，會不會以後看到我回家就躲起來了呢？還好是我多慮了，豆漿雖然知道等一下又要被抓去洗澡，但還是會跑來我身邊撒嬌，真是令人感動，不愧是我們家的撒嬌一姊！

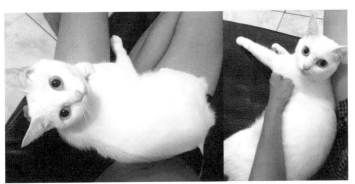

💬 知道等一下要洗澡還是先來撒嬌　　💬 喜歡龜在我旁邊的豆漿

豆漿因為黴菌洗澡的回憶

18

跟浪貓打架

　　時序到了五月，距離退役只剩下不到兩個月的時間。理論上來說，我應該是最開心的，不過我想家人會比我更期待吧！

　　「豆漿今天還 OK 吧？」「房間應該有保持乾燥吧？」「家裡門窗有沒有關好啊？」……林林總總的詢問每天都會在家庭群組上演，若是我再不退役的話，家人可能會被我給煩死了！

　　某個星期五傍晚，在校內學生都放學之後，我像往常一樣鎖上校內各處的鐵捲門，脫下了制服，開始迎接美好的放假日！以往我都是直接搭車回家吃晚餐，不過因為後天剛好就是母親節了，家人們決定提前慶祝，所以我沒有回家，而是直接搭車前往跟家人約好的餐廳用餐。

　　跟家人們聚餐後，回到家已經晚上十點多了。我是第一個打開家門的，平常豆漿都會開心地出來迎接我，這一次卻沒有出現，此時一陣緊張感不由自主地冒出，是不是家人忘記關上其他門，所以豆漿跑出去了？嚇得我趕緊跑回房間一看……

　　房間床上的棉被隆起了一塊，從棉被縫隙往裡面看，勉強看得到豆漿正一臉不悅地看著我。

　　呼～真是自己嚇自己，豆漿不是好好待在房間裡面嗎？於

是我將手伸進去摸摸豆漿的頭，她在棉被裡發出了不開心的低鳴聲。

在我的印象中，豆漿只有絕育後有凶過我，其他時候對我都很好。雖然感覺有點反常，不過想了一下，可能剛剛衝進房間的聲音太大聲吵到豆漿睡覺了。

「好啦！原來是吵到妳睡覺，不吵妳了，妳趕快睡吧！」我讓豆漿安靜地待在棉被裡休息，走出房門前確認了一下晚餐放的罐頭跟水都還很充足，就回到客廳跟家人繼續聊天。

大概晚上十二點左右，聊完天又回到房間看豆漿睡醒了沒。此時豆漿竟然從棉被裡消失了，我左找右找，終於在衣櫥最深處看到豆漿露出一半的頭。我伸出手摸摸豆漿的臉：「今天心情不好嗎？幹嘛一直躲起來？」

我的手剛碰到豆漿，豆漿又發出了不開心的低鳴聲。

豆漿只露出一顆頭，一臉不爽的表情

沒被我兇過是不是？

奇怪，豆漿怎麼感覺怪怪的？

我只好拿出豆漿最愛的點心，在衣櫥門口晃呀晃的，想把豆漿引誘出來。豆漿卻還是冷冰冰地看著點心，不為所動。

這實在太奇怪了！難道是身體不舒服？我再次伸手摸摸豆漿的臉，她又不斷發出憤怒的低吼聲。所以我決定直接強硬地把她抱出來確認一下，才發現豆漿的背部跟腳上都有著類似抓傷的傷口。

我趕快到家裡後面的陽台確認一下，發現有一扇紗窗開了一個縫，看來是家人白天替植物澆水後沒關緊，被豆漿鑽了出去。雖然紗窗外有鐵窗，豆漿無法跑到戶外，但推測是隔著鐵窗跟附近的流浪貓打了一架。

回到房間，我快速上網查詢距離最近的二十四小時動物醫院後，就馬上把豆漿裝到籠子裡，開車載著豆漿去醫院。

醫生做了檢查，確認傷口位置主要分布在背上以及後腳，此外有一隻手指甲斷掉，因此醫生也判斷是跟其他貓咪打架無誤。

醫生將豆漿所有傷口周圍的毛髮剃掉後，在傷口上一一消

這裡就是事發的地點，應該是隔著鐵窗互打

毒上藥，接著又抽了一管血準備進行檢測。因為跟浪貓打架後最可怕的其實不是外傷，而是可能感染到貓愛滋以及貓白血病。

　　處理完傷口後，我跟豆漿就坐在醫院內等待著檢測結果，此時豆漿的情緒已經比剛到醫院時平復了許多，在籠子裡慢慢地睡著了。而我內心則是十分忐忑不安，覺得時間過得相當漫長又煎熬。萬一檢測的結果是陽性的話，我真的會對豆漿感到非常抱歉，因此只能在心裡默默祈禱著，希望不會有任何不幸的事情發生。

　　不知道過了多久，醫生終於宣布了檢測結果，貓白血病跟貓愛滋都是呈現……陰性，真是謝天謝地！跟醫生道了謝領完藥之後，回到家已經將近半夜三點了。經過治療後的豆漿胃口總算恢復，大口大口地嗑飯。吃完藥後，豆漿就乖乖待在我身旁睡著了，總算度過了豆漿生涯最驚險的一天。

🗨 豆漿打架的傷口

理工宅的碎唸講古

　　後來想想，豆漿在我服役的期間還真是命運多舛啊！也因此我更能理解為何有些貓咪在領養時，有限制領養者是男性的話需要役畢。

　　因為在服役這一年必須將貓咪託給他人照顧，而且請別人協助照顧自家的貓咪時，標準太高或要求太多，都會讓對方覺得壓力很大；但要求得太少，又擔心貓咪無法被妥善照顧，實在是兩難。

　　我以過來人的經驗告訴男性同胞們，若是你能夠服完役且工作穩定後再領養貓咪，真的會是一個不錯的選擇。畢竟這時候手上的資金也比較寬裕，貓咪在家可能會過得更爽吧？

19

意外的粉絲見面會

　　豆漿昨夜看診時只有剃掉傷口周邊的毛，為了謹慎起見，醫生建議我隔天把豆漿全身的毛都剃掉，檢查是否還有漏掉的小傷口。

　　考量到豆漿的狀況，實在不好再帶她去美容店剃毛。所以我上網瀏覽後，找到了願意到府剃毛的美容師，畢竟宅宅漿還是待在家裡比較舒服，如果能在家剃毛對豆漿的心情影響肯定是最小的。

　　因為過了週末就要收假了，所以我迅速地跟美容師約了當天下午的時間，希望把豆漿該處理的事情都先處理好，才能比較安心地回服役的單位。

　　豆漿吃完午餐和吃完消炎藥之後，我接到了一通電話，是昨夜急診的醫生打電話來追蹤豆漿的情況，相當地暖心。我記得醫生交代完相關注意事項後，還偷偷地問說：「請問一下，昨天來的豆漿跟網路上的豆漿是同一位嗎？」

　　原來醫生是豆漿的粉絲！豆漿難得的粉絲見面會竟然是以打架掛彩後的模樣登場，這真是令人始料未及的事情。

　　下午美容師在約定時間到來，進到房間時，美容師突然眼睛睜大停頓了好幾秒，接著驚呼：「這個場景我看過！是豆漿娘娘！！這是豆漿娘娘吧！？」原來美容師也是漿絲，想必豆漿一定又很懊惱，為何這場粉絲見面會又是在如此狼狽的情況下出現。

　　美容師花了一點時間跟豆漿熟悉後，才開始幫她剃毛。因為不確定豆漿身上哪邊有傷口，所以剃的速度比較慢。果不其然，豆漿背上的毛開始慢慢被剃掉後，還有看到一些零星的小傷口。

　　「好啦，身上有一點傷才是一隻有故事的貓！」我這樣安慰著豆漿，雖然她的臉看起來完全沒有被安慰到的感覺。

💬 請美容師到府剃毛　　　　　💬 完全沒有被安慰到的表情

美容師剃毛比較小心謹慎，所以時間拉得比較久，剃到後面，豆漿已經有點不耐煩了，發出有點不爽的嗚嗚叫。幸好豆漿是個小吃貨，這時候只要拿出點心來就能搞定，雖然她嘴裡一直碎碎唸，但身體還是很誠實地靠過來吃。

　　最後美容師就趁豆漿在吃點心的時候把很難剃的部位——手和腳，迅速地都剃完了。剃完毛後，擦藥變得簡單許多，總算不用再擔心有漏網之魚的傷口。

💬 用點心轉移豆漿的注意力

💬 剃完毛後，傷口的部分變得很好擦藥

💬 撒嬌一姊仍然撒嬌到爆

　　換個角度想，好險這次打架事件發生在週末，正值我休假的期間，所以能夠迅速做好相對應的處理，也算是不幸中的大幸了。

🗨 休養過後又恢復為極品娘娘

一隻有故事的貓

　　這不是豆漿第一次剃毛。記得某年暑假天氣很熱，看到豆漿常常躺在冰涼的地板上，我決定自己上網買台電剪來幫她剃毛。畢竟外面的寵物剃毛也不便宜，不如就省錢自己來吧！結果剃完之後慘不忍睹，有點像狗啃的，因此就沒有拍照記錄，生怕大家以為我在虐貓。

💬 當年也是有買電剪手動幫豆漿剃毛

　　其實當下我是真的很認真在幫豆漿剃毛，但不知道為什麼，剃完後身上的毛卻高高低低的，難道是房間有點不乾淨？

　　當然為了豆漿娘娘在影片裡的威嚴，最後還是送去請專業的美容師協助修復了一番。

💬 這是剃之前拍的，剃完太醜了就沒有記錄了

豆漿負傷生氣氣剃毛的回憶

20

新竹貓回歸

距離退役倒數兩個月，我服役的學校已經開始放暑假，整個學校空蕩蕩的。少了放學後催促學生們趕快回家，以及鎖好全校鐵門這兩項超耗時的工作後，下勤時間變得非常準時，晚上的自由時間也因此變多了。於是我就利用空閒時間，準備了一下求職履歷。

剛好我服役的學校就在新竹科學園區騎車十分鐘左右的路程，於是趁著地利之便，鎖定了幾家園區內的科技公司便開始投遞履歷和進行面試。幾週後面試結果出來，幸運地錄取了我有興趣的公司，看來新竹地縛靈的體質又再度發揮硬實力，準備繼續被束縛在新竹。不過，這也代表新竹貓豆漿兩個月後就可以準備回出生地啦！

💬 總算退役啦！

退役後我也沒有安排假期休息，直接畫押上班日期在退役後的隔週。因為服役這一年的薪資很低，每個月其實都在消耗學生時期存下來的老本。不快點開始工作賺錢的話，心裡總是不太踏實。

　　退役當天，我直接在新竹找尋未來要住的地方。我個人對租屋的要求沒有很多，反正我都是坐在電腦桌前，空間大對我來說不是很重要，相較之下租金便宜一點還比較實際。不過考量到豆漿的需求，還是找個大一點的房間，讓她可以在我上班的時候在家裡跑來跑去會比較好。

　　畢竟豆漿從我住在小房間時就一路跟著我，總是要讓她有機會過過爽貓的生活啊！

　　最後我在比較偏遠的山上找到了一間還算不錯的套房，它離竹科只隔一座山，通勤時間不會太長，空間很大，周邊的環境又清幽。雖然大家都知道清幽的意思其實就是附近的生活機能不佳，不過仔細想想，自己白天都在上班，晚上下班買個便當回家吃就好，並不太需要經常出門。主要是這邊有寬闊讓豆漿活動的空間，最後就決定住在這邊了！

住的地方有了，剛退役的我帶著輕鬆
無比的心情回到家，開始收拾我跟豆漿的
行李。

　　我的東西其實沒有很多，一些衣服和
筆電而已，但豆漿可就不一樣了，她的用品
體積大數量又多，所以每次要帶著豆漿搬家
都是一件相當辛苦的工程。

💬 離開老家前夕合照留念一下

　　週末我就開著車載著豆漿和所有用品一起前往新竹，準備讓豆漿回到她出生的老地方，提早熟悉一下新家的環境。接著，我花了一整天的時間搬運跟打掃，豆漿則負責在旁邊裝忙，一臉悠閒地看著我，相當地欠揍！畢竟我會搬得那麼累，幾乎都是在搬她的東西。

💬 新租屋處的樣子

💬 我搬家攜帶的東西　　　💬 豆漿搬家攜帶的東西

到了晚上，搬家總算大功告成！洗完澡後，我連飯都沒吃就累得躺在床上睡著了。第二天醒來，發現豆漿像學生時期一樣躺在我的身上爽睡，一種熟悉的感覺突然升起⋯⋯看來，這個撒嬌漿過了那麼多年還是沒變，仍然是撒嬌界的一姊。有豆漿真好！

💬 一路走來始終如一的撒嬌妹子

💬 豆漿開始的新生活，充滿著她的各種玩具

理工宅的碎唸講古

　　退役前夕，我收到了一則私訊是這樣寫的：「漿爸，想問一下，你為什麼都不把影片丟到 Youtube 上面？因為我現在越來越少用臉書了，我都要特地為了看豆漿影片回來用臉書，而且影片丟到 Youtube 上面聽說會有額外的收入，這樣不是一舉兩得嗎？」

　　這時我才知道，原來 Youtube 影片有廣告收入啊！

　　仔細回想了一下，開始經營粉絲專頁也兩年多了，每週我都利用個人閒暇時間製作豆漿的影片，雖然沒有任何收入，但是分享自己家的貓咪這件事讓我做得很開心，畢竟能跟大家炫耀可愛的豆漿就是爽嘛！

　　而現在只要把這些原本就做好的影片，同步上傳到Youtube 就有額外的收入，對我來說真的是太輕鬆了。

　　所以趁著還未正式上班的空檔，我把舊影片全部都上傳到 Youtube，於是 2017 年 6 月，豆漿的 Youtube 頻道正式成立，上傳了第一支影片。

　　大約半年之後，在 2017 年 11 月，豆漿 Youtube 頻道訂閱人數幸運地獲得十萬訂閱，達成頻道的一個小里程碑！

2017-11-21

💬 豆漿頻道十萬訂閱

21

一人一貓的生活

回到新竹，我跟豆漿的生活變得相當穩定。每天在我出門上班之後，豆漿就會慵懶地躺在窗邊曬太陽、爽爽地睡午覺，不要問我為什麼知道豆漿在幹嘛，畢竟身為專業貓奴，買個監視器在上班時偷窺主子也是合情合理的吧！？

🗨 豆漿喜歡賴在窗戶旁邊曬太陽

　　新住處的陽台常有鴿子出沒，而且數量還不少，最誇張的時候陽台上甚至同時停了四、五隻鴿子，儼然就是鴿子的觀光場所。鴿子只要出現在陽台，懶洋洋耍廢的豆漿就會瞬間彈起來，興奮地瞪著牠們。雖然鴿子們的出現讓豆漿單純的生活增添了一些樂趣，但每次鴿子來訪後，陽台就會堆積滿滿的鴿糞，所以我對鴿子真是又愛又恨！

　　晚上太陽下山後，豆漿通常都睡得滿飽了，而我也差不多下班回到家。豆漿身為喵界撒嬌一姊，總是在我進家門後瘋狂地撒嬌，因此拍了不少撒嬌相關的影片。晚上休息時間就剪剪豆漿日常的影片，跟豆漿玩擦布、鬼抓人，偶爾心情好也會唱唱歌給豆漿當獎勵，非常的愜意（至於為什麼豆漿領獎的時候總是一臉屎臉，目前還不曉得原因）。

💬 撒嬌妹子超愛待在大腿上睡覺　　💬 常被誤會成是內褲頻道

這樣的生活相當單純舒服，偌大的空間、良好的空氣和清幽的環境，一人一貓就這樣愉快地過了好一陣子。這時的我們都不知道，原本穩定的生活會在某一天，因為一隻在公司門口奄奄一息的貓咪而發生巨大改變……

🗨 公司門口遇到的新小貓——俊榮

　　相信有追影片的人都知道，這隻倒在公司門口的貓咪就是俊榮。不過，考量到這本書主要的目的還是記錄豆漿這一路走過來的點點滴滴，撿到俊榮的相關細節及俊榮成長中不為人知的小故事，有機會的話，再幫俊榮出一本書好好說給大家聽吧！

慘了，感覺本帥這本書會被拖稿……

chapter 2

01

給尚未成為貓奴的各位——
你適合養貓嗎？

　　許多粉絲看了豆漿的影片，覺得貓咪很可愛，也興起了想養貓的念頭。

　　在這邊我要提醒大家，事情往往都是一體兩面，凡事不能只看光明的那一面。豆漿的影片也許帶給大家一種養貓很美好的錯覺，因此讓你起心動念想養貓，但是行動前請務必三思啊！

　　相對於其他貓咪來說，豆漿算是貓界中的乖寶寶，所以每當我看到訊息中有類似「豆漿真的好可愛（其他類似辭彙：乖巧、安靜、優雅、獨立……等），看了豆漿的影片後，讓我也忍不住想養一隻貓咪了！」的留言出現時，就代表詐騙界代表——漿姊又騙了一位涉世未深的粉絲，真是罪孽深重。

　　你各位可不要被豆漿這種特殊案例給騙了！就我自身遇到許許多多貓咪的經驗來說，大部分的貓咪都是調皮搗蛋居多，養貓的人被稱為「貓奴」肯定事出必有因。

　　每當有朋友或粉絲詢問我該不該養貓時，我不太會像一般老貓奴那樣馬上推坑你成為新貓奴。雖然有新貓奴的加入是好事，代表可能又有新的貓咪有機會找到一個家，但身為一個良心理工仔還是會希望大家先理性分析，除了曉得養貓的優點，

詐騙集團首腦
——漿姊的頭像

更應該了解養貓後會帶來諸多令人崩潰的問題。

養貓的優點在本書中就不特別提了，大家可以多看幾部豆漿的影片就曉得了（擔心大家沒看出來我提醒一下，這句就是單純炫耀沒錯）。

所以這邊就只列出缺點的部分，以下整理出我認為 **7** 個養貓前需要先知道的崩潰點，讓想養貓的各位冷靜一下：

7 個成為貓奴前，
不可不知的崩潰事件

崩潰點 1 ▶ **破壞力驚人！**

　　首先，來說說貓咪最令人抓狂的「破壞力」。有句諺語說：「好奇心殺死一隻貓。」可見貓咪的好奇心很重，家中任何東西都能引起他們的興趣。破壞力加上好奇心，這種致命的組合，往往就是釀成悲劇的開始。只要被貓咪盯上了，通常都難逃魔爪。他們會趁奴才不注意或不在家時盡情搞破壞，毀滅度之高，常令人嘆為觀止。

　　前面有提到，某次我回家看到電視機孤伶伶地躺在地板上的畫面就是血淋淋的例子。

　　大家要知道，豆漿已經是性格比較溫和的貓咪了，其他貓奴回家後或許會看到更誇張的作案現場，例如我在 IG 上看過朋友發的一張照片，照片中他家裡原本頂天立地的鐵書架直接橫躺在地板上，現場一片狼藉……沒錯！喵星人的破壞力就是這麼可怕。

　　貓咪平時還喜歡磨爪子，每每去朋友家看到沙發跟窗簾滿是傷痕的慘狀，就讓我不禁暗自慶幸：好險！豆漿都會乖乖抓貓抓板，不會亂抓這些家具。至於把廁所的衛生紙扯得滿地都是、推倒桌上的玻璃杯、打破盆栽、抓爛西裝、咬毀電線或耳

機線……這些都算是稀鬆平常的小事。養貓一陣子之後你就會
發現，原來家裡住的不是貓咪，而是鬼怪！

我們這些小貓咪哪有什麼壞心思呢？

崩潰點 2 脾氣難以捉摸

很多人以為貓咪很乖巧、溫順，這真是天大的誤會。就像人類一樣，有些人個性溫和，有些人暴跳如雷，千萬不要一概而論。

可以試著在網路上 Google 一下「貓咬人」，就會看到滿滿的搜尋結果，都是在詢問究竟該如何解決貓咪會咬人的問題。

貓咪咬人 & 抓人是大多數貓奴心中的痛，相信貓奴們可能都有以下的經驗，那就是跟貓咪玩得正開心時，他們突然就「變臉」，撲上前去啃咬或抓傷奴才的手、腳；輕則紅腫，嚴重的話甚至血跡斑斑。貓咪之間彼此打架、互咬的事也是時有所聞。平常看似感情很好的貓咪，友誼的小船也可能說翻就翻，一言不合就打了起來。

許多人對貓咪這種翻臉跟翻書一樣快的行為感到疑惑不解，但請不要忘了，貓咪跟老虎一樣都是屬於貓科動物，因此「咬」、「抓」這些行為原本就是天性，當他們的情緒亢奮或不開心時，這些本能反應很可能就瞬間被激發出來了。

當然藉由後天的教養及訓練，是有機會讓貓咪知道哪些行為是踰矩的，比較懂得拿捏分寸，即使咬人也不至於「下口」太重。

但從小到大一直是愛咬人的個性，怎麼教都宣告失敗的案例也是時有所聞，大家真的要有心理準備。

給你一個表情讓你自己體會

　　各位不要看現在豆漿一副乖巧的樣子，想當初豆漿剛來我家時，我也是有過一段手上經常傷痕累累、宛如被家暴的日子呢。

精力旺盛，晚睡早起

貓咪還有一項可怕的習性，就是喜歡半夜開趴。

大多數的貓咪在白天奴才上班、上學時，就待在家睡一整天，到了半夜就精力充沛地爬起來開趴，嗨翻全場！

即使家裡只有一隻貓，他們也可以和自己玩假想敵遊戲，在房間裡追趕跑跳碰。情況好一點的貓咪會在空曠的地方跑來跑去，鬼怪一點的貓咪還會到奴才的床上跳上跳下，在睡夢中被騰空飛躍的貓咪踩到肚子也是常有的事。目前我唯一想到貓咪神出鬼沒的好處是：有些怕鬼的人養了貓之後再也不怕了，反正有任何詭異奇怪的聲音出現，一定是貓咪幹的。

養貓之後，你會忘記好好睡覺是什麼感覺，就算家中的貓咪很安份守己，會跟奴才一起乖乖睡覺，也不要忘了貓咪的第二個大魔王特質：早起喵星人。

有不少貓咪天還沒亮就開始鬼叫，目的是為了叫奴才起來放飯，就算把房門關起來，他們還是可以使出「貓爪神功」，不停地扒門，直到奴才起床才肯罷休！

這邊奉勸對睡眠品質要求很高或是非常淺眠的人，可以重新思考一下自己能不能適應貓咪這種晚睡早起的生物，否則是真的有可能被他們搞到神經衰弱的。

豆漿早期也是「半夜過動大魔王」跟「早起大魔王」的綜合體，不過幸運的是長大後這種情況就改善了，變成整天爽睡的小肥宅。

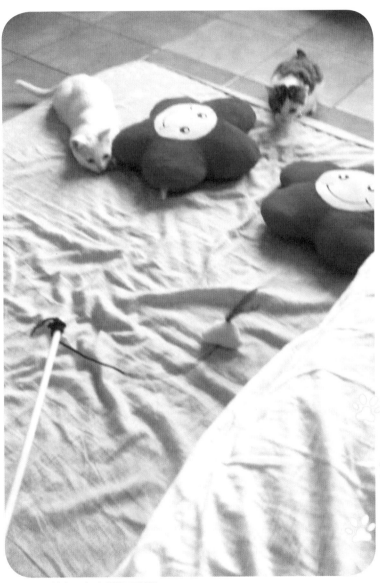

💬 這兩兄妹每天把家裡當田徑場

崩潰點 4 ▶ 頭痛的小便

　　某些貓咪還有一項令人困惑的行為，就是喜歡在非貓砂盆的地方「亂尿尿」，有可能是尿在沙發、床墊，甚至是電腦上。雖然我運氣很好，從來沒有遇到這個問題，但我也看過活生生的例子，就是住我隔壁房的同事。他每天乖乖清理貓砂盆，他的貓咪還是每隔兩到三天就在他的床墊上解放，最悲慘的是冬天夜裡睡到一半，突然在溫暖的被窩裡感覺到一股熱流，那種必須爬起來洗棉被的崩潰感，光用想像的就覺得可怕。

　　造成貓咪亂尿尿的原因很多，貓砂盆不乾淨只是其中一種，有可能是生病了、想占地盤、發情、不喜歡貓砂的種類，甚至是貓砂盆擺放的地方不夠隱密、不夠寬敞……以上各種因素都是可能的原因。

　　如果知道問題的源頭還好，最可怕的就是找不出原因所在。在找到正確答案之前，家裡的沙發、棉被、枕頭、毛巾、衣物、腳踏墊……都可能遭殃，而且貓咪的尿騷味是非常難消除的，就算清洗了好幾次還是會有異味殘留。

　　想要養貓的各位，假設這件事情發生在你身上時，你能夠忍著脾氣，耐著性子找出原因嗎？如果本身個性比較暴躁易怒，遇到這種狀況無法冷靜思考的人，我建議對於養貓這件事可以三思一下！

💬 我們豆漿很乖，沒有亂尿尿的問題！
　但如果吃很多算是問題的話，那就不好說⋯⋯

崩潰點 5 貓毛滿天飛

　　養貓人共同的煩惱之一就是貓咪很會掉毛，不管長毛貓或短毛貓都一樣。

　　養貓之後，生活周遭的各個角落都會充滿著貓毛。

　　以我本身為例，我的每一件衣服上面幾乎都布滿著豆漿的白毛，尤其深色衣服在視覺上更是明顯。這也是為什麼影片裡我身上都穿白色Ｔ恤的原因，畢竟山不轉路轉嘛。至於俊榮來我家後，白色的Ｔ恤上又開始有了黑色的毛……可能會是另一個準備裸體的故事了。

　　除此之外，我的筆電很常在使用一陣子後速度變慢，將底板拆開後才發現裡面卡了很多的貓毛，導致散熱不佳。這種卡貓毛的魔爪當然也觸及了家中其他電器，像是洗衣機、空氣清淨機、電風扇、冷氣……等等。

　　雖然我習慣每天都會用吸塵器打掃室內環境，也會固定幫豆漿梳理毛髮，但對於貓毛滿天飛的情況還是無法完全避免。

　　記得某次幾個同事來我家玩，其中一位對貓毛過敏的同事，過沒幾分鐘就出現滿臉通紅、狂打噴嚏的症狀。所以，若是你有過敏體質或是無法接受貓會掉毛這項缺點的話，我會建議你還是有空時玩玩別人家的貓，或是看看可愛的貓咪粉絲團就好。

　　至於哪裡有可愛貓咪粉絲團，應該不需要豆漿娘娘用爪子提醒吧？

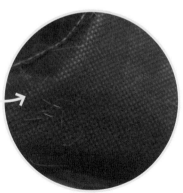

💬 這些細細的豆漿毛在深色的頭套上會顯得很明顯

崩潰點 6 ▶ 需要長時間陪伴

很多人以為貓咪的個性很獨立，不需要花太多時間陪伴他們，因此才有了養貓的念頭。

但事實並非如此，貓咪相對狗狗來說只是看起來較為冷酷，實際上他們還是需要長時間的關心。貓咪是會默默忍受壓力的生物，沒有足夠的陪伴，也可能造成像是過度舔毛或是憂鬱等心理症狀。

豆漿需要人陪的特性就表現得非常顯著，每次我出門回到家，豆漿就會開心地在我的身上瘋狂磨蹭，甚至是表演肥宅翻滾來歡迎我！

所以自從有了豆漿之後，我也會捨不得離開家太久。如果下課或下班後有聚會的話，我通常會先回家讓豆漿看一下，餵她吃一些罐頭點心後再出門，不要讓她有長時間被獨自扔在家裡的失落感。至於每天晚上休息時間的逗貓棒、橡皮擦更是沒有少過，畢竟讓豆漿知道我是在乎她的也是我的一大課題。

💬 趴著無聊等奴才回家的表情

　　貓咪其實是很聰明的，有花時間認真跟他們相處，他們也都會曉得，接著一點一滴地跟你建立起信任關係。

　　因此，如果你本身就是生活相當忙碌、喜歡長期旅遊、需要高頻率出差，或是認為養貓只要把食物和水放足的人，可能真的要認真評估一下自己是否適合養貓了。

荷包乾癟

養貓究竟要花多少錢？這是很多人常問我的問題。貓咪的花費其實滿驚人的，每天的伙食費、上廁所用的貓砂、買玩具的錢……這些都是日常固定的開銷。以我的實際狀況來說，養一隻貓一個月大約需要三到四千元左右。

以上支出還不包含像是突然生病、受傷等額外支出，由於寵物沒有健保，醫療費用都必須自行負擔。通常我會建議想養貓的人，至少須準備五到十萬元作為緊急預備金，萬一有臨時狀況發生時，才不會因為手邊的錢不夠而感到手足無措。

舉個曾經在豆漿影片中出現的例子，某次我觀察到豆漿在廁所裡待了很久，雖然用力蹲了半天，貓砂扒了又扒，就是沒有上出任何東西，於是我馬上帶她去看醫生。

醫生做了一系列的檢查確認她的腎臟情況，並且做了膀胱超音波來確認是否有尿液結石。檢查結果出來，豆漿的泌尿系統應該沒問題，猜測可能是便秘，因此開了軟便藥。但吃了幾包藥後不僅原本的情況沒有改善，反而還開始嘔吐。

因為已經很晚了，我又趕緊帶著豆漿去看了其他夜間急診，到了第三位醫生才發現豆漿肛門口有乾掉的糞便卡住了，所以造成軟便劑無用的問題。最後是醫師伸手把乾糞便掏出，之前的軟便藥才發揮了作用，讓豆漿可以順利排便，警報也終於解除！

短短幾小時內，豆漿就花了一萬多元，這還不包括後續追

蹤檢查的費用，零零總總的花費加起來也是一筆可觀的數字。

　　要養貓之前真的要衡量一下自己的財務狀況，若是沒有存款的月光族，或是收入來源不太穩定的人，那還是建議網路上看看別人的貓咪就好！貓咪所需花費真的不低，若是因為養了貓而讓自己的生活變得辛苦的話，就失去養貓的美意了。

不是貂皮大衣，本宮可是不穿的

養貓最重要的準備

如果上述所有養貓崩潰點對你來說都不是問題，那我想你的奴性夠重，已經拿到貓奴入場券了。但在成為真正的奴才前，還是想提醒一下，我認為養貓前最需要做好準備的是：心態的調整。

一般貓咪的平均壽命大約十四到十七年，說長不長，說短不短。因此養貓之前，你真的需要問問自己：我的心態調整好了嗎？我準備好成為他的家人並負責這隻喵星人的一生嗎？

常逛貓咪社團的話，應該三不五時就會看到有人抱怨結婚後因為另一半或其家人討厭貓咪，或者因為當兵、分手、懷孕等各種理由將貓咪送走，我想核心原因是當時沒有做好負擔貓生的心理準備。

有句讓我印象深刻的話是這樣說的：「貓咪是我們的一陣子，我們卻是貓咪的一輩子！」如果今天你養了一隻貓咪，他的世界就只有你，要是連你都沒辦法為他負責任，那還有誰可以信任呢？

我認為養貓最重要的是抱持對貓咪負責一輩子的態度，如果在心態上已經做好準備，我想金錢及時間都不會是什麼問題，因為你會為了他們排除萬難，克服各種難題。

　　領養豆漿之前，我不斷地在心裡問自己，真的能養她一輩子嗎？確認自己的意志夠堅定後，才下定決心帶豆漿回家。

　　多年後，我在路上遇到了一隻瀕死的小貓，並且帶他去醫院救治。歷史似乎又重演了，只是這一次，小貓的情況嚴峻了許多，他的視力不好，需要更細心、耐心的照顧，此外他還有癲癇問題，可能這輩子都需要服用抗癲癇藥治療。

　　我花了好幾天的時間思考，要帶這隻受傷的小貓回家嗎？期間我跟醫生進行了不少討論，了解癲癇小貓每日需要的餵藥次數、長期的負擔藥費、視力不良可能造成什麼問題，甚至是呼吸急促會有的症狀等等，一一確認後，才敢給予小貓承諾，帶他回家。

　　養貓是一輩子的事，對於正掙扎著是否養貓的人，與其強調一些養貓的優點，我還是喜歡分析貓咪的缺點。如果對可能會遇到的困難都做好了心理準備，那能成為一名稱職貓奴的機率就非常高了！

💬 領養前若是心態能調整好，
　　即使貓咪比鬼怪還可怕，也
　　早有心理準備了

領養代替購買

當心態上也做好萬全的準備後，就到了最後一步——如何取得貓咪？

現代人的領養意識漸漸抬頭，「領養代替購買」也是我相當認同且推薦的方式。目前全台各地的收容所、中途之家都有許多等待領養的貓咪，若是能用領養的方式讓他們擁有一個完整的家，也能減少社會上的流浪動物，肯定是皆大歡喜的事情。

待認養的貓咪大多屬於米克斯（Mix），也就是非純種的貓咪。雖然不是所謂的品種貓，但其可愛程度絕對不亞於品種貓咪。

以豆漿和俊榮為例，雖然都是米克斯，但還是受到非常多網友的喜愛。即使我 PO 出的是豆漿跟俊榮祖胸露腹的肥宅醜照，粉絲在下方的留言仍是「好可愛！」、「太帥了吧！」、「太犯規了啦！」之類浮誇到爆的留言。可見只要心中有愛，就會自動戴上一層美顏濾鏡，發自內心地喜歡，因此品種與否就不是那麼重要了。

若你也想要認養貓咪，不妨每天中午時段刷刷豆漿粉絲團的相關動態。粉絲團除了平時會分享豆漿跟俊榮的動態之外，中午時段也會 PO 出貓咪認養的相關訊息，期望能夠幫忙更多流浪貓咪找到長期飯票！經過這幾年的努力，已經幫好幾百隻貓

咪找到新的家了。每次看到貓咪成功送養後發來的感謝私訊，都是我繼續分享領養資訊的動力！希望你們也有機會在這找到屬於你的貓咪。

💬 明明放的是醜照，但濾鏡開滿的粉絲們肯定又要說很萌了！

振奮人心的好消息們

漿爸您好！小橘貓找到主人囉，也在台南！非常感謝你的幫忙～祝貓肥家潤，新年快樂😊

您好
發發與大黑找到家了
謝謝您幫忙哦
🧡🧡🧡

> 太好了　有幫到他們找到家就好

對啊
感謝感謝

Crazy找到主人了！！
這禮拜六會來帶他回去
謝謝你們的幫忙

謝謝漿爸阿晧平常都會幫忙po一些領養貓咪的資訊
讓我在新竹竹東領養到一隻很親人的虎斑🐱

謝謝漿爸，哈娜送養出去囉

> 那就好～
> 那我在貼文備註一下～

謝謝，送好多天了，領養人剛好是看到漿爸po文密我的，😹😹剛剛貓咪接走了

再次謝謝豆漿爸爸跟豆漿娘娘的高人氣🖤

小貓找到領養人了～明天會來接牠回家～

真的很謝謝😹😹😹

漿爸 託娘娘的福 小不點找到家了 謝謝🙏

> 太好了😺 有幫到他就好

再次感謝

謝謝你的幫忙
領養者說他是看到你們的文章來的💕

> 哈哈～～太好了～～不愧是娘娘的威力

娘娘的功力在遠方都感受到了😂😂😂

暖暖的喔💕💕

02
給已經是貓奴的各位——
理工男的科學養貓法

　　豆漿粉絲團也很常收到一些現役貓奴非常愛詢問的問題：「阿晧有什麼特殊的養貓技巧嗎？」、「為什麼豆漿可以這麼乖巧地待在你的腿上睡覺？」、「為什麼豆漿那麼黏你，你是如何辦到的？」、「為什麼豆漿都不會咬人？」……等等琳琅滿目的問題。關於這些問題的答案，我想貓咪先天的個性占了一部分，對自家貓咪的後天養成也占了一部分。接下來，就跟大家分享我是如何用我自己的理解與豆漿相處的！

我的乖巧品行是先天的，這蠢衣服則是後天的

沒有最好的方法，
只有最適合的方法

　　我認為養貓有個很重要的觀念就是：每隻貓咪都是獨立的個體，其他人與貓相處的方式很有可能完全不適合自家的貓咪。

　　用一般人類的例子來比喻，倘若某位考上第一志願的學霸在台上跟大家分享自己的讀書方法是：「吃完晚餐後就上床睡覺，半夜起床唸書到早上再去上學。」若依照同樣的讀書方式，台下同學們就一定能提升成績嗎？我想大家都知道，肯定不是的，因為這位學霸說的只是眾多讀書方法之一，這種方法在他身上有顯著的效果，但並不一定適合其他人。我們能做的只是將這種讀書方法當作參考並且嘗試，但適不適合自己只有實驗後才會曉得。

　　與貓咪相處也是如此，方法有百百種，適不適合自家的貓咪，還是得經過奴才們的檢驗才行。沒有最好的方法，只有最適合自家貓咪的方法。

科學養貓法

　　以理工人的角度來看，養貓其實就是一個找出適合與自家
貓咪相處模式的實驗。做實驗之前，我們會先了解一些和實驗
相關的「方法」，而這些方法適不適用在自己的「模型」，必
須經過「驗證」才能曉得結果。

　　套用在貓咪身上的話，則是：

「方法」：

養貓老手或朋友間的相關經驗、獸醫或動物行為專家的分享影
片，或是從 Google 上查詢到的教學及文章。

「模型」：

自家貓咪的特性。有的貓咪個性溫和優雅，有的貓咪活潑好動，
每一隻貓咪都是獨立且不同的模型。

「驗證」：

將所有方法根據自己對家中貓咪的了解，評估可行性並排序，
依序實驗在自家的貓咪身上。

　　舉一個眾多貓奴與我都曾遇過的苦惱問題──「貓咪咬人」，我根據以下三個實驗步驟，找尋適合解決自家貓咪咬人最佳的方式：

第一步：蒐集方法

　　我會上網查詢改善貓咪咬人的成功經驗，這時可能會看到各種不同的方法：

方法 1（冷處理）：「千萬不要打罵貓咪，貓咪會記恨在心裡，被咬時選擇用冷處理的方式面對。」

方法 2（養新貓）：「再養一隻貓，貓咪彼此有社會化的學習方式，最後會了解到咬人是會痛的。」

方法 3（需教導）：「貓咪錯誤的行為需要主動教學導正，否則會持續發生。」

方法 4（等長大）：「貓咪咬人怎麼教都是無效的，等他長大後就會減少這種行為。」

……

方法 10（其他）：「×××××××××××××××××××」

　　仔細觀察後你可能發現，這些方法有些甚至是互相矛盾的。對我來說，每一種方法就像是每個讀書高手建議的讀書方式，沒有所謂的對或錯，其中可能有幾個會是適合自己的方法，不妨都記起來做後續的評估。

第二步：描繪模型

模型：豆漿

特性：聰明，能辨識情緒，愛撒嬌，不親貓……

根據自己家中的模型（豆漿）的了解，描繪出此模型的特性，以利後續評估使用，我對豆漿的理解是：

★很聰明

★能辨識我的情緒（開心或生氣）

★稍微不喜歡被冷落

★不親貓

★……等等

到這個步驟時，了解自己家裡的貓咪就是一件很重要的事！

第三步：根據模型排序方法，依序驗證

排除方案： 方法 2
（養新貓）

驗證順序： 方法 3　>　方法 1　> …… >　方法 4
（需教導）　（冷處理）　　　　　（等長大）

藉由貓咪特性，評估方法的可行性後列出實驗方法的優先序。

由於豆漿不親貓，為了解決咬人而再養一隻貓可能產生更多問題，此方法評估後不列入可行方案。而其他方法中，因為豆漿聰明且能辨識情緒的特性，方法 3 會是我優先驗證的選擇。若是方法 3 測試無效，考量豆漿也不太喜歡被冷落，接下來我會選擇測試方法 1……依此類推。

由於每個人家裡的貓咪個性和氣質都不一樣，大家在了解自己的貓咪後，應該會有不同的順序。例如家中的貓咪呆萌呆萌的卻非常親貓，這時方法 2 也許會被列在優先的排序。

完成三步驟後，繼續決定小方法

選擇用教導的方法解決豆漿的咬人問題後，我想大家就會開始思考究竟有哪些方法可以教導呢？沒錯，這時就可以回到剛剛使用的科學養貓三步驟！開始蒐集所有網路上建議的教導方法、根據貓咪特性排序、依序驗證。在理工人的術語中，我們稱之為「遞迴」。

以下就跟大家分享我個人在教導豆漿時，使用到覺得很讚的 5 個方法，加減聽聽不用錢，也許對你們家的貓咪也會有用喔！

　　我根據豆漿平時的習性，利用簡單又易懂的「聯想法」，試著讓豆漿理解做哪些事會有好事發生，進而讓豆漿對這些事有好印象，願意多做。相反地，當她知道做哪些事會有壞事出現，本能上就會避免。

　　這時我會先統整出豆漿喜歡的事物，像是梳毛、拍屁股或是吃點心。同樣地，我也彙整出她所討厭的事物，像是討厭碰到水、不喜歡被關籠子以及遭受責罵。如同前文所說的，每隻貓咪都是獨立的個體，只有奴才自己最清楚怎樣做適合自己家裡的貓咪。例如有些貓咪很討厭拍屁股，假如誤把這個行為當作是好的聯想，結果就可能適得其反。

　　接著當豆漿做出不良行為時，我會馬上做她不喜歡的事讓她對這件事做壞的聯想。反之則做出她喜歡的事做好的聯想。

　　豆漿小時候在我的大腿上睡一睡會突然咬人，這時候我會拿出小噴瓶，噴出少少的水霧，讓她聯想到只要亂咬人，就會有討厭的水霧出現。經過一段時間的習慣，豆漿在張嘴要咬人時會慢慢開始猶豫，無故咬人的頻率就明顯地越來越低了。

　　至於讓豆漿認名字的技能也是利用此種方法，當豆漿對自己的名字有反應時，我會馬上拿出點心或用梳毛的方式來獎勵她，告訴她做得好！這樣不厭其煩地多試幾次後，久而久之，豆漿就知道只要聽到名字回應時，就會有好事發生，進而對回應名字這件事有好的聯想。

你唱歌,我也會馬上
讓你聯想到我的肉球

　　聯想法是我教導貓咪時的主要方法,在使用
聯想法時,我還習慣搭配下列其他準則,能夠讓聯
想法更事半功倍。

教導準則 2 反應制約

　　相信大家或多或少都聽過心理學的反應制約，簡單描述一下實驗方法：

　　找來一隻狗，每次餵狗吃東西時順帶搖搖鈴鐺。久而久之，狗狗便會將「搖鈴鐺」與「吃東西」連結在一起。之後只要鈴鐺一響，不管是否有食物狗狗都會不自覺地流下口水。

　　平常在教導豆漿時，不管是代表喜愛事物的點心、梳子，或是代表討厭事物的噴水瓶，其實不一定隨手可得。經常會發生豆漿聽了我叫她名字有反應時，我卻找不到點心給予正面聯想的情況。這時，運用上述的「反應制約」來輔助，就可以讓教學變得更簡單。

　　例如，在餵豆漿吃點心的時候搭配「好乖！」這類簡單的詞語，讓她知道聽到「好乖」時聯想到好事發生。同樣地，當豆漿跳到危險的地方或犯錯時，我就會噴一點水霧，並且發出「噴」的聲音。久而久之，即使沒有噴水霧，當她聽到「噴」也會聯想到不好的事物，知道這樣做不好。

　　現在，豆漿只要跳到危險的地方，一聽到我的嘴巴發出「噴」的時候，她就知道要趕快下來了。反應制約運用在聰明的豆漿身上，教學的確輕鬆了不少。

教導準則 3 即時性

　　為了讓豆漿能夠確實地聯想，我自己一定要做到「即時性」，也就是「當下」、「right now」，才不會讓她有錯誤的理解。

　　每次當我回家後，看見被豆漿搞得一團糟的犯罪現場時，我只會摸摸鼻子，默默地把東西整理好，不會謾罵或是抱怨連連。因為從理性層面來說，這時大聲斥責、關籠或是噴出水霧等，都只是單純發洩自己憤怒和不滿的情緒，其實對於教導貓咪並沒有幫助。

　　舉個例子來說，假設小明趁媽媽出門之後，買了很多炸物來吃，吃飽後又連玩了好幾小時的電腦，最後沒洗澡就躺在床上睡著了。媽媽回來之後，不由分說地把小明抓起來揍了一頓，請問小明是因為什麼原因而被揍呢？

　　這個答案我想只有媽媽知道，說不定只是因為小明買的雞排忘了加辣。

　　但若媽媽是在垃圾車開到樓下，小明卻沒有任何動作的情況下打了他的屁股，小明就能夠猜測到是因為沒去倒垃圾而被處罰的。

　　同樣地，在貓咪無法理解人類語言的前提下，在發生事情的當下馬上給予喜歡或討厭的事物，才比較有機會能夠讓他們做正確的聯想，進而達到我們的目標。

教導準則 4 ▶ 一致性

使用聯想法時，我還有一項重要的原則，那就是保持「一致性」。不只有我自己，所有會與貓咪接觸的人都要遵守聯想法，才不會混淆了貓咪對聯想的正確認知。

某一次有朋友來家裡跟豆漿玩，不小心讓豆漿玩得太瘋，一個不注意就咬了他一口。我朋友覺得小貓咬人很可愛，不但不以為意，還開心地摸摸豆漿的頭。

朋友走後，豆漿咬人的行為又開始變本加厲了起來。因為咬人的行為又讓豆漿聯想到代表舒服的摸頭鼓勵，前面的教導也都需要重來了。

之後任何人在接觸豆漿之前，我都會先將這些準則告訴他們，讓大家能夠用一致的聯想法來對待豆漿，才不會讓豆漿因為不同的對待方式而無所適從。

但其中需要注意的地方是，一致性當然也包含與豆漿的相處模式需要一致。像是豆漿不喜歡別人強行抱住她，假如今天有人因為硬要抱豆漿而被咬，這時的豆漿只是在適當防衛而非無故亂咬人。這時若還有討厭的水霧出現不是很冤枉嗎？因此這時候該罵的不是豆漿而是亂抱豆漿的朋友。

在慢慢讓貓咪習慣某種聯想的過程中，還是要保持理性的判斷。

只要是點心我都愛，這就是本宮的
一致性，對所有點心都一致！

觀察法

　　很多貓咪都特別喜歡紙箱，豆漿也不例外。

　　某次我觀察到一件事：如果不是豆漿自己跳進紙箱裡，而是我抱她進去玩的話，她就會變得很緊張，甚至急急忙忙跳出來，之後對於這個紙箱也會變得興趣缺缺。還有一次，因為舊的貓砂盆空間太小，所以我買了一個大一點的新貓砂盆。當我抱豆漿進去新的貓砂盆想讓她熟悉時，她竟然嚇到跳出來，而且很長一段時間都不再靠近那個新貓砂盆了。

　　這兩件事得到的結論是：只要不是豆漿主動，而是被我強迫去做某些事，她就會聯想到這是不好的事情，敬而遠之。我靈機一動，也許可以反過來利用這個特性，避免豆漿去一些我不希望她去的地方。

　　所以搬新家的第一天，我先幫豆漿穿好牽繩及胸背帶（安全措施），接著開啟房內落地窗的紗窗，微微地施一點力，假裝要把豆漿抱過這個門檻到外陽台。果不其然，豆漿就非常抗拒不想被抱到陽台，逃難似地跑到床底下躲藏起來。

　　之後我若是需要打開落地窗到陽台曬衣服時，豆漿都會離陽台一段距離，不會想靠陽台太近。這樣就能物理性地避免豆漿趁開門縫隙鑽到陽台的情形發生了。

　　這個奇妙方法是我觀察豆漿的習性而得來的，對於其他貓咪來說很可能完全不適用。相信大家的貓咪都有不同特點，如果能夠多用心觀察，或許也能歸納出一套自己的獨門絕學。

　　「沒有最好的方法，只有最適合的方法」，每隻貓咪都是獨立的個體，別人的方法失敗了也不要氣餒，不斷嘗試總會找到適合彼此的相處之道，認真了解自家貓咪的個性肯定是最核心的關鍵！

本宮都是用拳頭在教我家奴才的

03

理工男的實際統計——
貓咪走失原因排行榜

　　中午時段粉絲團除了會 PO 送養文之外，也常常協助 PO 貓咪走失文。

　　由於走失的貓咪數量實在不少，身為理工人的我忍不住想要統計到底是什麼原因造成貓咪走失的？如果有一定的樣本數，統計後得到的數據比較有說服力，也更能提醒大家小心防範。

　　因此，每次有網友請我 PO 走失文時，我都會簡單地詢問一下：「請問你的貓咪是怎麼走失的？」，不斷地詢問累積了大約近百份的統計資料，以下就公布貓咪最常走失的前三大原因：

我猜……是被點心騙走的 !?

掙脫項圈或籠子

很多人帶貓咪出門散步時都會使用項圈，但別忘了貓咪是水做的，那些看似繫得很緊、沒有空隙的項圈，仍有可能被貓咪用軟骨功掙脫。建議貓奴們出門遛貓時，不要使用單純扣著脖子的項圈，除了貓咪容易掙脫之外，當他們想逃跑時，也可能會勒住脖子而造成危險。比較適合的方式是使用胸背帶，才能確保貓咪的安全。

外出籠的部分也要小心，有些提籠是軟式的，雖然便宜又方便，但只要貓咪一受到驚嚇、發生暴衝時，提籠周邊看起來很小的縫隙都可能會讓他們趁機逃脫。建議大家在選購外出籠時，可以選擇有拉鍊或是有牢靠卡榫的款式。

逃家

走失排名第二高的原因是逃家，這些逃家的貓咪有些是趁主人回家打開門的那一瞬間衝出去，也有些是抓破紗窗和紗門溜出去的。如果你的貓咪對外面的世界充滿好奇，並且蠢蠢欲動，千萬要小心留意家裡的門窗，事先做好完善的防護措施才行。

我個人是習慣在打開家門前，先確認周邊的防火門是否都有關牢，以防豆漿在我開門的時候突然暴衝，跑到其他樓層去。而紗窗防護的部分，可用便宜有效的園藝網或鐵網格，而高樓層的住戶也可以考慮隱形的防墜網。

　　順帶一提實際發生在我身邊的案例，豆漿的哥哥秒咪就是回花蓮期間，抓破了透天厝的紗窗跑出去而走失了。秒咪的奴才與家人們找了很久，最後還是沒有搜尋到他的下落，非常令人難過。

走失原因第 **1** 名

放養貓咪

　　住在都會區高樓大廈裡的人們，可能很難想像什麼是放養貓咪。不過很多中、南部住在郊區的貓奴，他們的飼養模式是白天放貓咪出門蹓躂，當貓咪在外面玩了一天之後，覺得累了或肚子餓就會自己回家。

　　由於這種放養模式走失的數量是最多的，大多數來私訊請求幫忙的人都會表示：「平常貓咪都知道怎麼回來，但不知道為什麼，昨天都沒有回來。」

　　即使是有人類牽著繩子的貓咪，都可能因為受到驚嚇，掙脫牽繩而走失。那怎麼會認為讓貓咪自己在戶外獨自面對各種車聲、喇叭聲，或是打雷等突發狀況，還能每次都安穩順利地

回到家呢？

　　我覺得放養這種飼養方式，本身就有可預見的高走失風
險，已經不太能算是疏忽造成的走失了。但考量到當下每一位
來尋求協助的奴才的心情，我還是會鼓勵他們努力尋找，才有
機會找回心愛的貓咪。有些人最後幸運地找回自己的貓咪，跟
我分享這好消息時，我才會再三跟他們提醒：千萬不要再放養
了！！！

　　為了天下的貓咪們好，若是身邊的親朋好友有類似放養的
飼養模式，希望讀者們也可以協助提醒一下，切勿再用這種模
式與貓咪相處了！期望大家能夠一同提升防衛意識，善待每一
隻可愛的喵星人。

希望隨著大家的防衛意識提高，我們喵星人走失的數量會慢慢減少

04

日告晧小記

　　不知道大家看完這本書有沒有被嚇到的感覺，怎麼養貓會發生的崩潰事情那麼多？其實成為貓奴的快樂遠遠大於書中所述的痛苦，我只是想藉由自身經驗或是周圍朋友的案例，描述一下養貓可能會遇到的風險。畢竟一時衝動養了貓咪，最後又將貓咪棄養的案例與日俱增，若是養貓前能先做好完善評估，相信一定能減少類似的事件發生。

　　我的養貓資歷即將邁入第十年，仍然在持續學習著如何與貓相處。記得最早豆漿在對著我叫的時候，根本不太能理解她想說什麼。但隨著日漸熟悉彼此後，哪種叫法是要我陪玩、哪種是想睡覺、哪種是叫我閉嘴（？），也都逐漸有了默契，最後就變成了大家在影片中看到的，我們之間的互動。

　　近期比較大的變化，是新貓咪俊榮來到家裡。要如何讓討厭貓咪的豆漿慢慢接納這一隻小屁孩，著實也花了我不少時間。兩貓磨合到現在，彼此的關係也有了明顯的進步，雖然這本書的篇幅無法細講我磨合的方式，但大致上的做法就如我書中所說的，蒐集各種方法、評估可行性後再逐一測試。在測試磨合方法的過程當然也有諸多失敗，但還好我們理工人做實驗失敗也不是一兩天的事了，大不了就被貓揍而已嘛（？）

　　最後希望大家喜歡這本書，用文字和照片記錄完這些年與豆漿經歷的大小事，就像重溫了一次與豆漿相處的過程，回憶滿滿。只能說當年決定收養豆漿，真的是很～～屌的一個決定！

💬 由豆漿掌鏡的合照

　　雖然豆漿的哥哥秒咪已經走失好幾年，而且找回的機率相當渺茫，不過我還是想私心藉由這本書順便宣傳一下，若是住在花蓮的朋友們曾經看到過他，或是他其實是被某位好心人士帶回家收養的話，也可以偷偷私訊告訴我，至少讓我知道他過得很好就好！

倒L型紋路

咖啡&白毛

走失時有鈴鐺

尾巴末端較黑

走失地點：花蓮吉安慶豐村

國家圖書館出版品預行編目資料

豆漿娘娘駕到：貓奴阿晧的跪安日常 / 阿晧
（漿爸）著. -- 初版. --
臺北市：平裝本, 2021.4 面；公分. --
（平裝本叢書；第0518種）（iCON；57）

1.貓　2.寵物飼養

ISBN 978-986-99611-9-6（平裝）

437.364　　　　　　　　　　110003209

平裝本叢書第0518種
icon 57

豆漿娘娘駕到
貓奴阿晧的跪安日常

作　　者—阿晧（漿爸）
發 行 人—平雲
出版發行—平裝本出版有限公司
　　　　　台北市敦化北路120巷50號
　　　　　電話◎02-2716-8888
　　　　　郵撥帳號◎18999606號
　　　　　皇冠出版社(香港)有限公司
　　　　　香港銅鑼灣道180號百樂商業中心
　　　　　19字樓1903室
　　　　　電話◎2529-1778　傳真◎2527-0904
總 編 輯—龔橞甄
責任編輯—張懿祥
美術設計—FE設計工作室
著作完成日期—2020年
初版一刷日期—2021年4月
初版二刷日期—2021年4月
法律顧問—王惠光律師
有著作權・翻印必究
如有破損或裝訂錯誤，請寄回本社更換
讀者服務傳真專線◎02-27150507
電腦編號◎417057
ISBN◎978-986-99611-9-6
Printed in Taiwan
本書定價◎新台幣350元/港幣117元

●皇冠讀樂網：www.crown.com.tw
●皇冠 Facebook：www.facebook.com/crownbook
●皇冠 Instagram：www.instagram.com/crownbook1954/
●小王子的編輯夢：crownbook.pixnet.net/blog

豆漿娘娘
駕到

豆漿照片ⓒ阿皓 ⓟ平裝本出版有限公司 NOT FOR SALE